改訂2版

基礎からわかる C#

シーシャープ

西村 誠 著

C&R研究所

■権利について

- 本書に記述されている社名・製品名などは、一般に各社の商標または登録商標です。
- 本書では™、©、®は割愛しています。

■本書の内容について

- 本書は著者・編集者が実際に操作した結果を慎重に検討し、著述・編集しています。ただし、本書の記述内容に関わる運用結果にまつわるあらゆる損害・障害につきましては、責任を負いませんのであらかじめご了承ください。
- 本書で紹介している操作の画面は、Windows 10とVisual Studio Community 2019を基本にしています。他の環境では、画面のデザインや操作が異なる場合がございますので、あらかじめご了承ください。
- 本書は2021年1月現在の情報で記述しています。

■サンプルについて

- 本書で紹介しているサンプルは、C&R研究所のホームページ（http://www.c-r.com）からダウンロードすることができます。ダウンロード方法については、4ページを参照してください。
- サンプルデータの動作などについては、著者・編集者が慎重に確認しております。ただし、サンプルデータの運用結果にまつわるあらゆる損害・障害につきましては、責任を負いませんのであらかじめご了承ください。
- サンプルデータの著作権は、著者およびC&R研究所が所有します。許可なく配布・販売することは堅く禁止します。

●本書の内容についてのお問い合わせについて

この度はC&R研究所の書籍をお買い上げいただきましてありがとうございます。本書の内容に関するお問い合わせは、「書名」「該当するページ番号」「返信先」を必ず明記の上、C&R研究所のホームページ（http://www.c-r.com/）の右上の「お問い合わせ」をクリックし、専用フォームからお送りいただくか、FAXまたは郵送で次の宛先までお送りください。お電話でのお問い合わせや本書の内容とは直接的に関係のない事柄に関するご質問にはお答えできませんので、あらかじめご了承ください。

〒950-3122 新潟県新潟市北区西名目所4083-6　株式会社 C&R研究所　編集部
FAX 025-258-2801
「改訂2版 基礎からわかる C#」サポート係

PROLOGUE

C#はC++、Javaと似た静的な型を持つ言語です。

これらの言語の良いところを取り入れながら、LINQなどの独自の機能を取り入れた言語として改良を続けてきました。C# 6でコンパイラを刷新した結果、これまで手を出せなかった小さな(修正コストは大きい)改善にも着手できるようになりました。

改訂前から最新のC# 9までに、nullの問題への改善、式の拡張など、小さいながらもC#の書き方に改善をもたらす多くの変更が加えられました。

また、.NET Coreや最新の.NET 5の登場によってMac、Linux、Unix環境でも利用できる言語として活躍の幅を広げています。Unityによるゲーム制作でもC#が使用されます。

本書の改訂前はC#の言語仕様を素早く学ぶことができるように書かれていました。

同じコンセプトを維持した場合、C# 6以降に追加された小さな修正は枝葉として解説を省略されたかもしれません。改訂2版では加えて、C# 6以降の変更によってC#の書き方が変わる部分についても扱うという視点を新たに追加しました。

本書が、多くの開発者の皆様がC#を用いて活躍するための一助となることを願います。

最後に、本書の完成にご協力いただきましたC&R研究所の吉成様、技術的なアドバイスをいただきました神守様、赤木様、大田様に心からの感謝の意を表明いたします。

2021年1月

西村 誠

本書について

対象読者について

本書は、他のプログラミング言語での開発経験がある方を読者対象としています。本書では、プログラミング言語そのものの基礎知識ついては解説を省略していますので、ご了承ください。

本書の動作環境について

本書では、Windows 10とVisual Studio Community 2019の環境で動作を確認しています。

サンプルコードの中の▼について

本書に記載したサンプルコードは、誌面の都合上、1つのサンプルコードがページをまたがって記載されていることがあります。その場合は▼の記号で、1つのコードであることを表しています。

サンプルファイルのダウンロードについて

本書で紹介しているサンプルデータは、C&R研究所のホームページからダウンロードすることができます。本書のサンプルを入手するには、次のように操作します。

❶「http://www.c-r.com/」にアクセスします。

❷ トップページ左上の「商品検索」欄に「333-1」と入力し、[検索]ボタンをクリックします。

❸ 検索結果が表示されるので、本書の書名のリンクをクリックします。

❹ 書籍詳細ページが表示されるので、[サンプルデータダウンロード]ボタンをクリックします。

❺ 下記の「ユーザー名」と「パスワード」を入力し、ダウンロードページにアクセスします。

❻「サンプルデータ」のリンク先のファイルをダウンロードし、保存します。

サンプルのダウンロードに必要なユーザー名とパスワード

ユーザー名	**k2cs**
パスワード	**mtc8**

※ユーザー名・パスワードは、半角英数字で入力してください。また、「J」と「j」や「K」と「k」などの大文字と小文字の違いもありますので、よく確認して入力してください。

サンプルファイルの利用方法について

サンプルファイルは、CHAPTERごとのフォルダの中に、項目番号のフォルダに分かれています。サンプルはZIP形式で圧縮してありますので、解凍してお使いください。

それぞれのフォルダ内には、プロジェクトファイルとソースファイルが保存されています。サンプルの動作を確認するには、拡張子「.sln」のプロジェクトファイルをVisual Studioで開いて「F5」キーを押してください(24ページ参照)。なお、ソースコードを確認する場合は、同様にして拡張子「.sln」のプロジェクトファイルをVisual Studioで開くか、プロジェクト内の「Program.cs」ファイルをテキストエディタで開くことで確認できます。

CONTENTS

CHAPTER 01

C#の概要

CHAPTER 02

変数

CHAPTER 03

文字列処理の基礎

CHAPTER 04

関数

CHAPTER 05

クラス

CHAPTER 06

配列とコレクション

CHAPTER 07
イベント

CHAPTER 08

非同期処理

CHAPTER 09

その他の要素

CHAPTER 01

C#の概要

C#の概要

C#とは

C#はMicrosoft社の開発したオブジェクト指向型のプログラミング言語です。

その由来から主に同社のテクノロジーであるWindows OSや、Webサーバー（IIS）、VRデバイス上で動作するアプリケーションを開発するための言語でしたが、最近はiOSやAndroidのアプリケーションや、Unityによるゲーム開発など、利用できるプラットフォームが増え、さまざまなシーンで活躍できる言語となりました。

統合言語クエリ「LINQ」やラムダ式、非同期処理の可読性を高める `await` 、`async` キーワードなどが特徴的な機能です。これらについては本書でも基礎から解説していきます。

C++やJavaと比較すると後発の言語のため、それらの良さをうまく取り入れたバランスの良い言語になっています。また、**静的型付け**と高機能な開発ツールVisual Studioの相性が良く、コーディングする上でさまざまな補助を受けることができます。

C#の歴史

C#はC、C++、Javaなどと比較すると新しいプログラミング言語であり、最近登場したGo言語やSwiftなどに比べると古い言語です。今から10年以上前に登場した言語と聞くと、かなり古い印象を持つ方もいらっしゃるでしょうが、バージョンアップを重ね、新しい機能を追加し続けています。

2020年の執筆時点ではコンパイラーも新しく刷新され、C#のバージョンは9です。実行環境である.NET FrameworkもMacやLinuxでも利用可能な.NET Coreが登場し、従来の.NET Frameworkと.NET Coreを統合した.NET 5がリリースされました。

▶C# 1.0

C#は当時のJavaやC++の良いところを取り入れたバランスの良い言語として登場しました。Delphiという言語の開発者がMicrosoftに移籍して開発に携わったという経緯もあり、Delphiに似た部分もありました。

ここからC#はバージョンを重ねるごとに大きく変化し、時代にあったプログラミング言語として成長していきます。

なお、C# 1.xは、1.1と1.2もリリースされています。

▶C# 2.0

C# 2.0ではジェネリクスや静的クラス、`yield` キーワードなどが導入されました。匿名メソッドが登場したのもこのバージョンです。

C# 2.0以前には、静的クラスが利用できなかったというのは驚きです。ジェネリクスや `yield` の登場でデータの集合（コレクション）がより便利に安全に利用できるようになりました。匿名メソッドはC# 3.0で登場するラムダ式と合わせてC#のメソッドを使いやすく拡張しました。

▶C# 3.0

C# 3.0では `var` キーワードと型推論、ラムダ式、初期化式の簡略化などが追加されました。そして何より、クエリ式(LINQ)というC#特有の機能が追加されました。これらの機能を利用するようになると、C#の記述が大きく変わります。そういう点ではC#らしい機能がいろいろとそろってきたバージョンといえます。

▶C# 4.0

C# 4.0で `dynamic` キーワードが追加されました。

C#は「静的な型付け」な言語と前述しましたが、厳密にいうと `dynamic` キーワードはC#に動的な型付けの性質を加えることができます。

▶C# 5.0

C# 5.0では非同期処理の可読性をあげる記法(`async` 、`await` キーワード)が追加されました。同時に登場したランタイム「WinRT」では応答に50ms以上の時間がかかる可能性がある処理は非同期処理で行うように設計されており、`async` 、`await` を利用するシーンが多くなっています。

▶C# 6.0

C# 6.0では言語仕様面での大きな変更は加えられておらず、C#がより便利に記述できるような記法の変更などが加えられました。言語仕様上の大きな変更がない代わりに、プログラムを動作可能な形式にコンパイルするコンパイラーが一新され、大きくその土台が変更されます。

▶C# 7.x

C# 7.0、7.1、7.2、7.3の4回のバージョンアップがありました。

タプル型が追加され、パフォーマンスの向上が見込める機能や `switch` で型による分岐が可能になるなどの機能追加が行われています。

▶C# 8.0

C# 8.0では、参照型の `null` に対する扱いを指定可能にするなど、バグを生み出しにくいコーディングを可能にする機能や、コレクションの範囲操作が可能になるなどの改善が行われました。

▶C# 9.0

C# 9.0は、.NET 5でサポートされるバージョンです。

プログラムの実行に必要であったクラスが最上位レベルに限り不要になるなど、.NET 5対応以外の機能追加も行われています。

.NET Framework

.NET FrameworkとはC#で書かれたプログラミングが実行される環境のことです。C#だけでなく、Visual BasicやF#、C++などの言語も実行可能な**共通言語ランタイム**という実行基盤を持ちます（共通言語ランタイムは**Common Language Runtime**を略して**CLR**とも呼ばれる）。

異なる言語で書かれたプログラムコードであっても一度、共通の中間言語に変換され、それをランタイムが実行します。最終的に実行されるコードをネイティブコード、共通の中間言語を**共通中間言語**と呼びます（共通中間言語は**Common Intermediate Language**を略して**CIL**とも呼ばれる）。

.NET Frameworkの最終バージョンは4.8、利用できるC#のバージョンは7.3です。後述する.NET Coreと並行して開発が続けられてきましたが、.NET 5公開時に.NET Coreと統合されました。

▶ .NET Core

.NET Coreは2016年6月に公開されたmacOSやLinuxでも利用できる実行環境です。

.NET Frameworkとは別にバージョンを重ねてきましたが、.NET 5が公開されるとともに、.NET Frameworkと.NET Coreは統合されました。

.NET Coreの最新バージョンは3.1で、利用できるC#のバージョンは8です。

▶ .NET 5

.NET 5は、2020年11月に登場した.NET Frameworkと.NET Coreを統合した実行環境です。

開発しているアプリケーションが.NET 5上で動作している場合、本書で紹介する機能についてバージョンを気にする必要はありませんが、.NET Frameworkや.NET Coreの場合はC#のバージョンを気にする必要があります。

COLUMN C#のバージョンを確認する

現在の実行環境で使用できるC#のバージョンを使用したい場合は `#error` ディレクティブを使用します。

コード中に次のように記述すると、プログラムはエラーになりますが、エラーメッセージからC#のバージョンを確認することができます。C#のバージョンを表す数字が表示される場合と、latest(最新版)、preview(最新のプレビュー版)などの文字が表示される場合があります。

```
#error version
```

詳細については下記のURLを確認してください。

- C# 言語のバージョン管理

URL http://docs.microsoft.com/ja-jp/dotnet/csharp/language-reference/configure-language-version

▶.NET FrameworkとC#、Visual Studioの関係

記述できるC#のバージョンはプロジェクトが利用している.NET FrameworkのバージョンとVisual Studioのバージョンに関係します。

Visual Studio 2008まではVisual Studioのバージョンと利用する.NET FrameworkおよびC#のバージョンは一対一の関係でした。

Visual Studio 2008以降は利用できる.NET Frameworkのバージョンが選択可能となりました。開発するOSに利用したいバージョンの.NET Frameworkがインストールされていない場合は追加でインストールする必要があります。

これは作成したアプリケーションを動作させる環境も同様です。

Visual Studioのバージョン	.NET Frameworkのバージョン	C#のバージョン
2002	1.0	1
2003	1.1	1
2005	2.0	2
2008	2.0～3.5	3
2010	2.0～4.0	4
2012	2.0～4.5	5
2013	2.0～4.5.2	5
2015	2.0～4.6	6
2017	2.0～4.7.2／.NET Core	7
2019	3.5～4.8／.NET Core／.NET 5	7～9

上記の表の.NET FrameworkのバージョンはVisual Studioの各バージョンが登場した時点での数値です。たとえば、.NET Framework 4.6がインストールされていればVisual Studio 2013でも.NET Framework 4.6に対応したプロジェクトを作成することが可能です。

COLUMN

執筆時点のVisual StudioとC#のバージョン

2020年11月の.NET 5公開後の各環境で利用されるC#のバージョンは次の通りです。

実行環境	C#のバージョン
.NET Framework 4.8	C#7.3
.NET Core 3.1	C#8
.NET 5	C#9

COLUMN

アプリケーションを開発するためには

たとえば、あなたがWindows OS上で動作するデスクトップアプリケーションを作成したい場合、プログラミング言語(C#もしくは他の)の知識は必須ですが、それに加えてデスクトップアプリケーションを作成するためのプラットフォームの知識が必要になります。Unityでゲームを作成したい場合もプログラミング言語に加えてUnityの機能を利用するための知識が必要になります。iPhoneのアプリケーションでもAndroidのアプリケーションでもそれは同様です。

その理由はプラットフォーム側が画像を表示したり、ボタンを利用したりという機能を提供してくれており、それを利用することでアプリケーションを作成するからです。

C#を動かす

Visual Studioの導入

それではC#でプログラミングを行う準備をしましょう。

Windows PCの場合、これまで何度か名前が出てきた**Visual Studio**を使うのが最適です。本書でも以降Visual Studioを利用する想定で進めます。

また、MacでもC#を利用することができます。その場合はVisual Studio Codeやその他のテキストエディタを利用します。

▶ Visual Studio Communityエディションのインストール

Visual Studio Communityエディションは下記のURLからダウンロードします。無償で利用できるCommunityエディションを導入することにします。執筆時点の最新バージョンは「Visual Studio Community 2019」です。

- Visual Studioのダウンロード

  URL http://visualstudio.microsoft.com/ja/

❶ ブラウザで「https://visualstudio.microsoft.com/ja/」を表示し、「Visual Studioのダウンロード」のプルダウンから「Community 2019」クリックします。

❷ ダウンロードされた「vs_community__534822286.1544484053.exe」(数字部分は異なる場合ある)をダブルクリックしてインストーラーを起動します。

❸「Visual Studio Installer」のウィンドウが表示されるので、右下の[続行(O)]ボタンをクリックします。

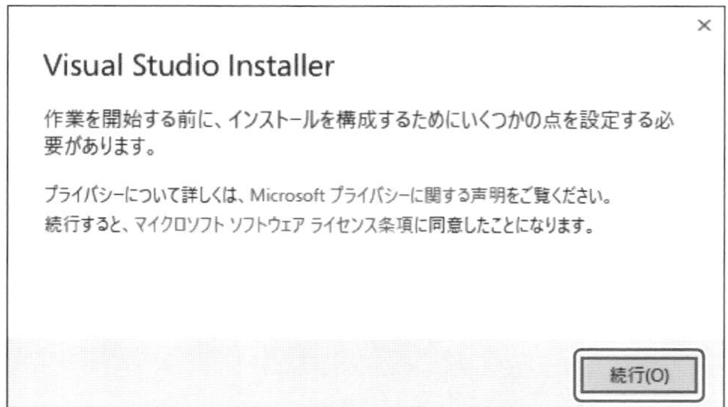

❹ インストールするコンポーネントを選択します。「ワークロード」タブから「.NETデスクトップ開発」を選択し、[インストール]ボタンをクリックします。なお、他に必要なコンポーネントが判明している場合は、複数選択しても構いません。コンポーネントはインストール後でも追加・削除することができます。

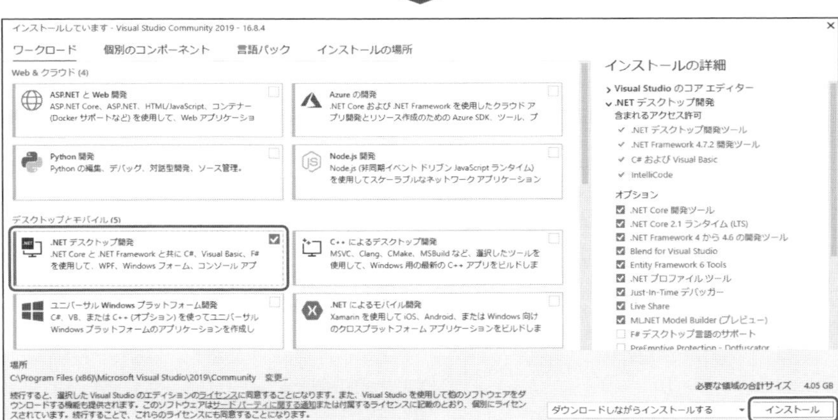

❺ インストールの完了後、はじめてVisual Studioをインストールした場合、Microsoftアカウントによるサインインを求められます。ここでは下部の「後で行う。」をクリックします。なお、Microsoftアカウントでサインインを行った場合、同アカウントに紐付いたAzureサブスクリプションなどと素早く連携することができますが、サインインは必須ではありません。また、インストール後にサインインを行うこともできます。

❻ サインインの選択後、Visual Studioの外観を決めるテーマを選択します。デフォルトの[青]をONにした状態で[Visual Studioの開始(S)]ボタンをクリックします。

❼ Visual Studio Community 2019が起動したらインストールは成功です。

COLUMN　Communityエディションの利用条件について

Visual Studio Communityエディションは有償のProfessional相当の機能を持ちますが、企業規模の大きな会社では使用できないなどの制限があります。

本書を学習するためといった、プログラミングの勉強目的の場合はいかなる環境でも利用可能ですが、別の目的で利用したい場合などは下記のURLのQ&Aやリンクされたホワイトペーパーで規約を確認しておくとよいでしょう。

- Visual Studio Community

URL http://www.visualstudio.com/products/visual-studio-community-vs

また、Communityエディションの利用条件に外れる場合は有償版同等の機能は持ちませんが、無償で利用できるExpressエディションが存在します。

- Visual Studio Express

URL http://www.visualstudio.com/products/mt238358

COLUMN Visual Studio Installer

Visual Studio Community 2019のインストールと同時にVisual Studio Installerもインストールされます。Visual Studio Installerは複数のエディションまたはバージョンのVisual Studioの起動、インストール、アンインストール、コンポーネントの追加などの管理を行えるツールです。

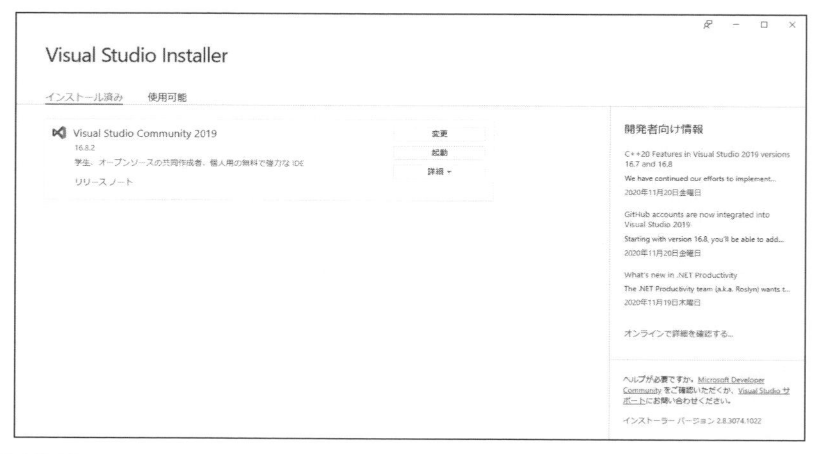

Hello C# World

プロジェクトの作成

それでは、はじめてのプロジェクトを作成し、プログラムを動かしてみましょう。プロジェクトの作成は次の手順で行います。

❶ Visual Studioを起動します（27ページのCOLUMN参照）。

❷ ウィンドウ右下の[新しいプロジェクトの作成(N)]をクリックします。

❸ プロジェクトのテンプレートを選択します。［コンソールアプリ(.NET Core)］を選択し、［次へ(N)］ボタンをクリックします（テンプレートについては28ページのCOLUMNを参照）。

❹ 「新しいプロジェクトの構成」ウィンドウが表示されます。プロジェクトの名前やプロジェクトの保存場所を選択することができます。今回はプロジェクト名を「HelloWorld」に変更して［作成(C)］ボタンをクリックします。

以上でプロジェクトが作成されました。

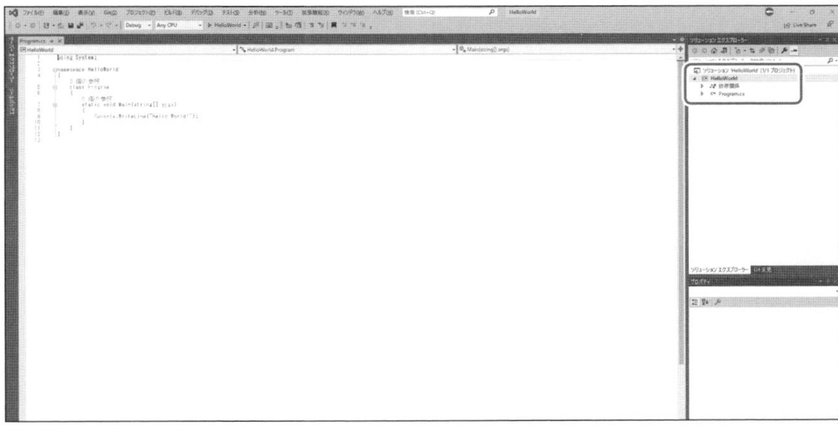

COLUMN Visual Studioの起動

インストールしたVisual StudioはVisual Studio Installerから、またはスタートメニューから起動できます。スタートメニューから起動する場合はWindowsキーからスタートメニューを表示後、「Visual Studio」とタイプすることで絞り込みを行うことができます。

毎回、スタートメニューから起動するのは手間なので、タスクバーなどに登録しておくとよいでしょう。

COLUMN プロジェクトのテンプレート

プロジェクトのひな形となるテンプレートを選択するところから開発を始めます。Visual Studioではさまざまな種類のアプリケーションが開発可能なので、テンプレートも複数あります。

絞り込みで言語やプラットフォーム、プロジェクトの種類を選択することで目的のプロジェクトが見つけやすくなります。今回は言語を「C#」、プラットフォームを「Windows」、プロジェクトの種類を「コンソール」にすると「コンソールアプリ（.NET Core）」が見つけやすくなります。

本書の執筆時点ではコンソールアプリケーションのテンプレートは.NET Frameworkと.NET Coreの2種類だけです。最新の「.NET 5」が含まれていませんが、今後、新しいテンプレートが追加されるでしょう。WPFというアプリケーションには.NET 5用の「WPF App（.NET）」というテンプレートが用意されています。

▍.NET 5に対応させる

プロジェクト作成時に選択したテンプレートは「コンソールアプリ(.NET Core)」でした。前述の解説通り、.NET Coreの最新バージョン(3.1)で利用できるC#のバージョンは8までです。

C# 9で追加された機能を使用するために、動作環境を.NET 5に変更しましょう。なお、これは今後、.NET 5に対応したテンプレートが選択できるようになれば必要ない処理です。

❶ Visual Studioの右側の「ソリューションエクスプローラー」と書かれたウィンドウのプロジェクト名「HelloWorld」の上で右クリックし、[プロパティ(R)]を選択します。

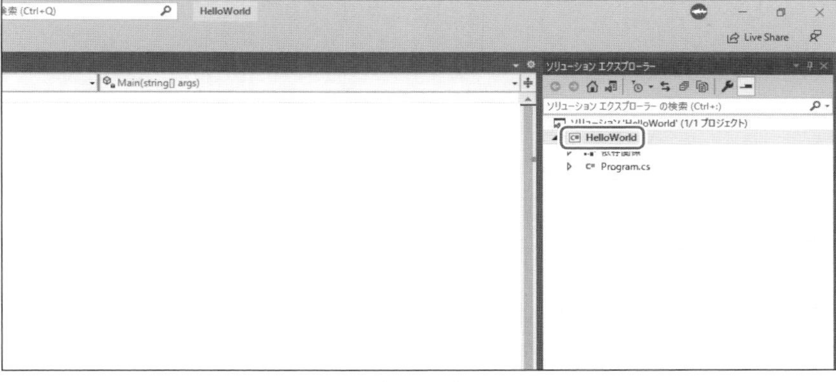

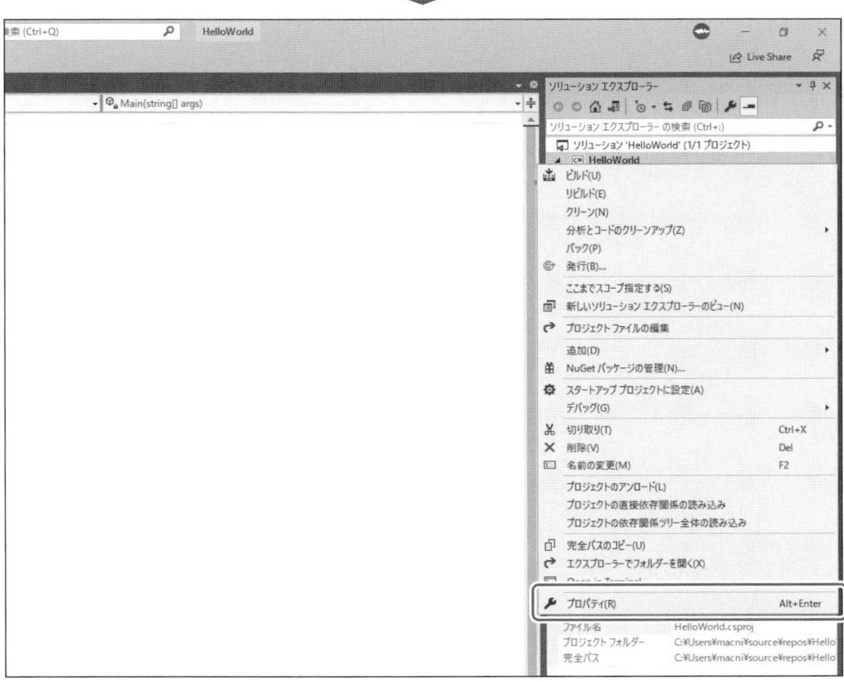

❷ 表示されたウィンドウの[対象のフレームワーク(G)]を「.NET 5.0」に変更します。

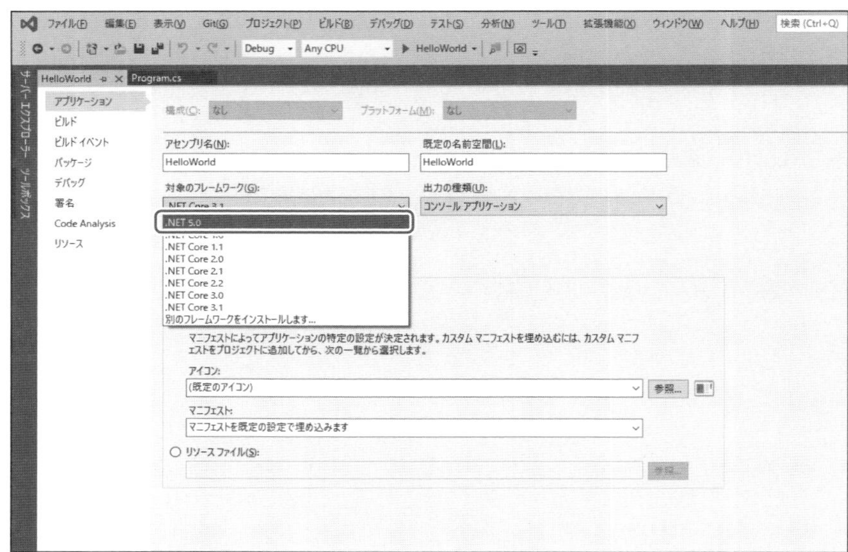

❸ 「Ctr」+「S」キーを押して保存します。

これでC# 9が利用できる.NET 5に変更することができました。

初期コードの説明

プロジェクトを作成すると Program.cs というファイルが作成され、次のコードが表示されます。

```
using System;

namespace HelloWorld
{
    class Program
    {
        static void Main(string[] args)
        {
            Console.WriteLine("Hello World!");
        }
    }
}
```

以降で簡単にコードの各記述を紹介します。

▶ using ・・・

ファイルで利用する機能を記述します。初期状態からいくつかの `using` が追加されているため、基本的な機能は利用可能です。

たとえば、`using System.Collections.Generic;` という記述があれば、このファイルのコードでジェネリック関連の機能を利用できることを表します。`using System.Linq;` という記述はLINQに関わる機能を利用できることを表します。

▶ namespace ・・・

名前空間と呼ばれるものです。たとえば、誰かが書いたクラスを利用したい場合に同じ名前のクラスが存在することがあります。そのような場合に名前空間の仕組みを利用すれば、同じクラス名が複数存在しても区別することができるようになります。

今回作成したプロジェクトは `HelloWorld` というプロジェクト名が名前空間になっています。

`using` で追加した `System` も名前空間を表しており、`using System;` という記述は、`System` という名前空間に存在するライブラリの機能を使用するという意味です。

▶ 「{」と「}」

中括弧は開始 `{` と終了 `}` が必ず1つのセットになります。

中括弧に囲まれた次の文は「字下げ（インデント）」されます。字下げとは半角スペースないしタブを文頭に挿入し文字を左側にずらすことをいいます。Visual Studioのデフォルトでは半角スペース4つで字下げされますが、複数人で開発する場合などはそのチームの字下げルールが存在することもあります。

Visual Studioではセットになっていない場合、エラーを表示してくれるので中括弧を閉じ忘れることはほとんどありません。

▶ class ・・・

クラス名です。これまでも何度かクラスという名前が出てきましたが、クラスはオブジェクト指向の用語です。クラスについては後ほど説明します。

▶ static void Main(string[] args)

`Main` という名前のメソッドです。メソッドにはプログラムが行う処理が記述されます。それ以外にも `static` や `void` といった記述がありますが、今の時点では「`Main` メソッドに書いたプログラムが実行される」ということだけ覚えておいてください。

Hello Worldの記述

それではHello Worldを表示するためのコードを記述していきましょう。

コードは基本的に `Main` メソッド内に記述していきます。 `Console` から始まる行はテンプレートの時点ですでに同じようなコードが記述されていますが、それを少し変更しています。

プログラムを次のように書き替えます。変更箇所は `Main` メソッド内だけですが、最初なので全文を記載します。

```
using System;

namespace HelloWorld
{
    class Program
    {
        static void Main(string[] args)
        {
            // コンソールアプリケーションのコンソール(Console)に1行書き込む(Write Line)
            // 書き込む文字は「Hello C# World」
            Console.WriteLine("Hello C# World");
        }
    }
}
```

`//` から始まる行はコメントと呼ばれプログラムとして実行されませんが、説明などを記述しておくことができます。

▶ プログラムの実行

説明の前に、まずはプログラムを実行してみましょう。プログラムの実行は「F5」キーで行います。プログラムを実行すると黒い画面(コンソール)が起動し、1行目に「Hello C# World」と文字列が表示されます。

```
Microsoft Visual Studio デバッグ コンソール
Hello C# World

C:¥Users¥macni¥source¥repos¥HelloWorld¥HelloWorld¥bin¥Debug¥net5.0¥HelloWorld.exe (プロセス 8500) は、コード 0 で終了しました。
デバッグが停止したときに自動的にコンソールを閉じるには、[ツール] -> [オプション] -> [デバッグ] -> [デバッグの停止時に自動的にコンソールを閉じる] を有効にします。
このウィンドウを閉じるには、任意のキーを押してください...
```

コンソールのウィンドウを閉じるかVisual Studioを選択して「Shift」キーと「F5」キーを同時押しすることでプログラムを終了します。

「F5」キーでプログラムを実行した直後は表示されたコンソール画面がアクティブな状態なので「Shift」キーと「F5」でプログラムを終了するにはVisual Studioを選択してアクティブにする必要があります。

COLUMN **コンソールアプリケーションのデバッグ動作**

.NET Framework版のコンソールアプリケーションは「F5」キーで実行するとプログラムの終了後にコンソールウィンドウが閉じてしまいました。そのため、Hello Worldのサンプルでは最後に `Console.ReadLine()` などを用いて、ユーザーから文字入力を待つことでプログラムを終わらせないという処理を記述する場合がありました。.NET Core、.NET 5版のコンソールアプリケーションはプログラムの終了直後にウィンドウを閉じなくなったので `Console.ReadLine()` が不要になりました。

コードの説明

コメントを除くと実際に記述したコードは次の1行です。

```
Console.WriteLine("Hello C# World");
```

画面に「Hello C# World」を出力しているコードです。文法的な説明は後に譲るとして、実行している内容はわかりやすいと思います。

▶ 文末はセミコロン

C#は文末にセミコロン `;` が必要な言語です。セミコロンが欠けている場合、プログラムはエラーになりますが、実行前にVisual Studioがエラーを示してくれます。

▶ コメント

`//` から始まる行は**コメント**です。また、`/*` と `*/` で囲んだ部分もコメントとなります。

```
// ここに書かれたものはコメント

/*
  ここに書いたものもコメント
*/

/**
 * このように書くこともあります。これもコメントです
 */
```

▶ドキュメントコメント

Visual Studioではクラス名やメソッド名の上の行で `///` と入力するとクラスやメソッドを説明するためのドキュメント形式のコメントが書き込まれます。

これは**ドキュメントコメント**と呼ばれ、XMLタグを用いて概要を記述できます。ドキュメントコメントはビルド時に設定によってXML形式のドキュメントとして出力することができます。

```
/// <summary>
///
/// </summary>
/// <param name="args"></param>
static void Main(string[] args)
```

ドキュメントを出力するにはソリューションエクスプローラーでプロジェクト名を右クリックして「プロパティ」を選択し、表示されたウィンドウの右側のメニューから「ビルド」を選択して[XMLドキュメントファイル(X)]をONにします。

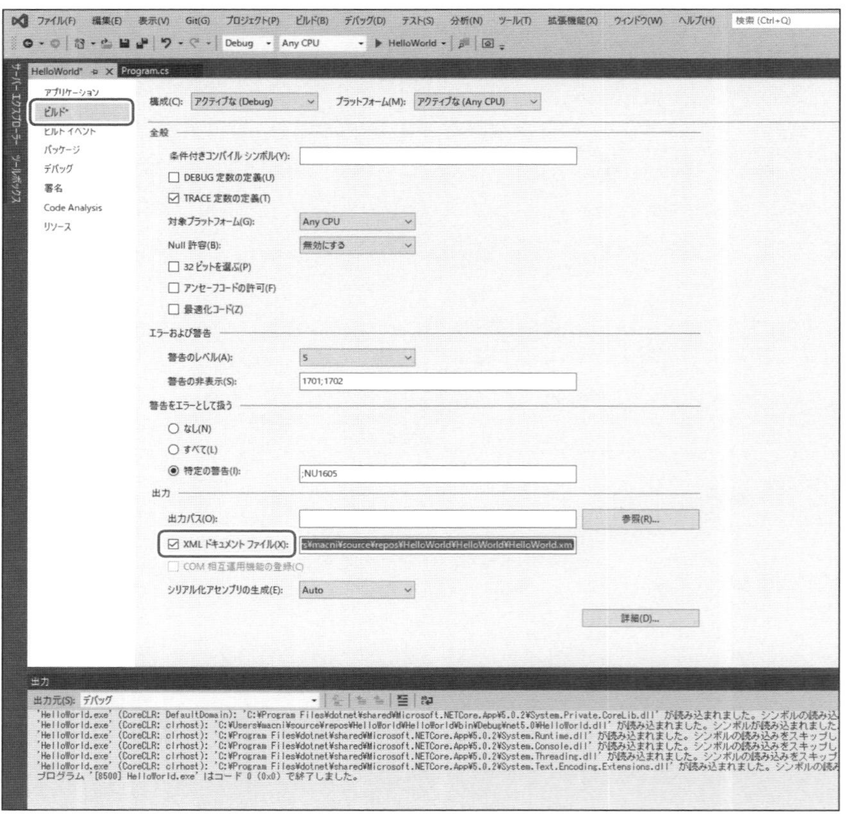

ドキュメントの出力例は次のようになります。

```
<?xml version="1.0"?>
<doc>
    <assembly>
        <name>HelloWorld</name>
    </assembly>
    <members>
        <member name="M:HelloWorld.Program.Main(System.String[])">
            <summary>

            </summary>
            <param name="args"></param>
        </member>
    </members>
</doc>
```


COLUMN 「using」と「dll」について

`using` はファイルごとに記述するため、`using` を追加することで使えるようになる範囲はそのファイル内のコードに限られます。加えて、`using` で機能を追加するには、あらかじめプロジェクトで利用可能になっている必要があります。プロジェクトで利用可能な機能はソリューションエクスプローラーの依存関係（.NET Frameworkの場合は「参照」と表示が異なる）で確認できます。

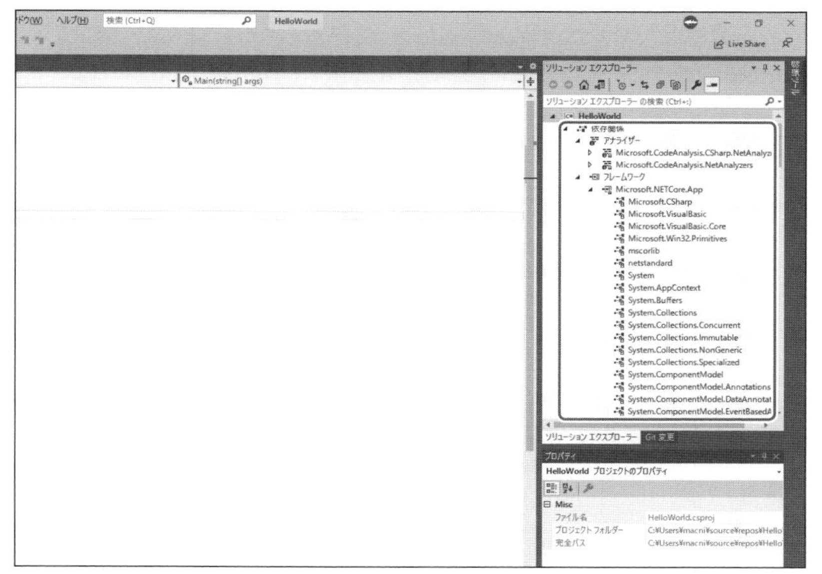

たとえば、参照設定に追加されている `Microsoft.CSharp` は次の場所にある `Microsoft.CSharp.dll` ファイルを指します（ファイルのパスは実行環境によって異なる）。

◉.NET 5の場合

```
C:¥Program Files¥dotnet¥packs¥Microsoft.NETCore.App.Ref¥5.0.0¥ref¥net5.0¥
Microsoft.CSharp.dll
```

◉.NET Frameworkの場合

```
C:¥Program Files (x86)¥Reference Assemblies¥Microsoft¥Framework¥.NETFramework¥v4.5.2¥
Microsoft.CSharp.dll
```

`dll` という拡張子はDynamic Link Libraryの略です。

このようにプロジェクトに `dll` を読み込むことで、そのライブラリを利用することができるようになります。 `dll` はマイクロソフトが提供しているものもあれば、誰かが公開しているものや、自分で作成したものを追加して利用することもできます。

▶ 最上位レベルのステートメント

C# 9以降では**最上位レベルのステートメント**という機能が追加され、プログラムの実行に必ず1つは必要であった起点となるクラスが不要となりました。

C# 9以降であれば画面に「Hello C# World」と表示する処理は次のようなコードで済みます。

```
using System;

Console.WriteLine("Hello C# World");
```

ただし、このようにクラスなしで記述できるファイルは1つに限られます。

Microsoft公式のドキュメントでも、この機能の用途として「教育用途」を上げています。はじめてプログラミングを学ぶ際に、namespaceやclass、メソッドなどの記述が不要であることは、最初に説明する情報を減らす役に立ちます。実際のアプリケーションであれば、複数のファイルに複数のクラスを書くことになるので、あまりこの機能のメリットはないでしょう。

C#の基本構文

プログラムの構成

最初にプログラムの基本的な構文を学んでおきます。

プログラムは**文**と呼ばれる処理を実行していきます。文はさらに小さな区分として**式**を持ちます。文は式の他に、**条件分岐**や**繰り返し**といったプログラムの流れを制御する構文を組み合わせることができます。

文

文は式単体、あるいは式と分岐や繰り返し表すキーワードを組み合わせたものです。文とは基本的な処理を構成し、セミコロン `;` で終了するか、分岐や繰り返しの構文の形で終了します。

```
// 基本的な文例
int intValue = 3;
```

これは変数に値を代入する**代入文**といいます。変数や代入についてはCHAPTER 02で紹介します。

```
// メソッドを呼び出すのも文
intValue.ToString();
```

`intValue` の `ToString` メソッドを呼び出しています。メソッドについてはCHAPTER 04と、CHAPTER 05で詳しく扱っています。

文は次のように `if` や `for` を利用した場合はセミコロン `;` で終了しません。

```
// ifやforのようにセミコロンで終了しない文もある
if (isBool == true)
{
    intValue = 4;
}

for (int i = 3; i < 0;i++)
{
    intValue += i;
}
```

式

式は演算や関数の呼び出し、クラスのインスタンス生成などのプログラムを構成する1つの単位を表します。プログラムは式と文を構成するキーワードを組み合わせて記述します。

```
// 代入という式。末尾に「;」を付ければ代入文という文になる。
intValue = 4
```

`if` の `()` の記述も条件式という条件を表す式になります。

```
// boolValue == falseは条件式
if (boolValue == false)
{
}
```


分岐処理

分岐処理を利用することでプログラミングの流れを分岐させることができます。C#の分岐には大きく `if` 文と `switch` 文の2つが存在します。

▶ if

プログラムで「もし～の場合」といった**分岐**を行いたい場合は `if` を使います。

```
// ifはもし()の中の式がtrueだったらという分岐に用いる
if (boolValue == true)
{
    // boolValueがtrueだった場合の処理を記述する
}
```

`if` の `()` には真偽値(`bool` 型)が入ります。これを**条件式**といいます。条件式は必ず真偽値をとる必要があります。たとえば、次のような記述はできません。

```
// いくつかの言語では以下のように1をtureとして扱うことができるが、C#ではエラーになる
if (1)
{
    // ifがtrueの場合の処理
}
```

これは次のような比較(`===`)のつもりが `=` の数を誤って、代入(`=`)してしまったという間違いの回避にもつながります。

```
int intValue = 5;

// intValue == 6という判定を行いたかったが間違えて代入になってしまった
// 条件式は真偽値である必要があるのでプログラムはエラーになる
if (intValue = 6)
{
    // ifがtrueの場合の処理
}
```

ただし、代入の結果が真偽値になるケースは警告になりますが、プロラムは実行可能です。

```
bool boolValue = true;

// bool型の代入は真偽値となるのでプログラムはエラーにならないが警告が表示される
if (boolValue = false)
{
    // ifがtrueの場合の処理
}
```


▶ else

次のように「それ以外の場合」の処理を記述するために `if` に続いて、`else` を用いることもできます。

```
// ifはもし()の中の条件式がtrueだったらという分岐に用いる
if (boolValue == true)
{
    // boolValueがtrueだった場合の処理を記述する
}
// boolValueがtrue以外の場合
else
{
    // boolValueがtrue以外の場合の処理を記述する
}
```

▶ else if

`if` の後に「もしそれ以外の～なら」という条件を付けたい場合は `else if` を用います。

```
if (intValue == 1)
{
    // intValueの値が1だった場合の処理
}
else if (intValue == 3)
{
    // もしintValueの値が3だった場合の処理
}
```

`else if` は複数利用することもできます。

```
if (intValue == 1)
{
    // intValueの値が1だった場合の処理
}
else if (intValue == 3)
{
    // もしintValueの値が3だった場合の処理
}
else if (intValue == 5)
```

```
{
    // もしintValueの値が1でも3でもなく、5だった場合の処理
}
```


前述の `else` も加えることができますが、最後に一度だけ記述可能です。 `else` は先に記述した条件(`if` 、`else if`)以外という意味になるので複数書くことはできません。

```
if (intValue == 1)
{
    // intValueの値が1である場合の処理
}
else if (intValue == 3)
{
    // もしintValueの値が3である場合の処理
}
else if (intValue == 5)
{
    // もしintValueの値が1でも3でもなく、5である場合の処理
}
else
{
    // それ以外(intValueの値が1、3、5以外)だった場合の処理
}
```

▶ switch

分岐処理は `switch` を用いて記述することもできます。`else if` が複数記述されたコードより `switch` を利用した方がすっきりとしたコードになります。

```
switch (intValue)
{
    case 1:
        // intValueの値が1だった場合の処理
        break;

    case 3:
        // intValueの値が3だった場合の処理
        break;

    case 5:
        // intValueの値が5だった場合の処理
        break;

    default:
        // intValueの値が1、3、5以外だった場合の処理
        break;
}
```

最後の default は if の else のような動作をし、必要なければ省略可能です。

▶ switchのフォールスルー禁止

C#では switch のフォールスルーは禁止されています。

フォールスルーとは、break を省く書き方とことです。break はその処理を終了して switch を抜ける働きをしますが、言語によっては case の break を省くことで次の case を実行できます。たとえば、次のような書き方です(C#ではエラーになる)。

```
int intValue = 1;

switch (intValue)
{
    case 1:
        Console.WriteLine("1です");
    case 3:
        Console.WriteLine("3です");
        break;
    case 5:
        Console.WriteLine("5です");
        break;
```

上記のコードは「1です」と出力された後、break がないので case 3 の処理を実行し、「3です」と出力されます。 case 3 では break があるので case 5 は実行されません。

このような動作をフォールスルーといいますが、break を付け忘れると思わぬエラーを発生させてしまいます。

C#ではこのような思わぬエラーを発生させないように考慮した仕様を採用する傾向があります。

すべての case で break が必要なら、逆に書かなくても break を実行すればよいと思われるかもしれませんが、他の言語ではフォールスルーしているように見えるため、break の記述がないとVisual Studioがエラーと判定します。

▶ C# 6までのswitchの条件式で利用できる型

C# 6までの switch の条件式で利用できる型は整数型または文字列型に限られましたが、C# 7からはこの制限はなくなりました。

▶ パターンマッチング

C# 7以降、switch で値の比較以外の条件を指定できるようになりました。これを**パターンマッチング**といいます。 switch 以外にも is でも利用可能なのですが、ここでは switch についてのみ解説します。

```
object obj = 3;

switch(obj)
{
```

▼

```
    // int型であれば処理を実行
    case int n:
        Console.WriteLine("intです");
        break;
}
```


型に対するマッチングではさらに条件を指定することもできます。条件の指定には when を利用します。

```
object obj = 3;

switch(obj)
{
    // int型かつ2以上であれば処理を実行
    case int n when n >= 2:
        Console.WriteLine("int型かつ2以上です");
        break;
}
```

参照型やnull許容型であれば null かどうかのチェックを加えることもできます。

```
object obj = 3;

switch(obj)
{
    case int n when n >= 2:
        Console.WriteLine("intかつ2以上です");
        break;

    case null:
        Console.WriteLine("nullです");
        break;
}
```

null を持つことができない値型の場合はエラーになります。

```
int intValue = 3;

switch (intValue)
{
    // int型はnullを持つことはないのでエラーになる
    case null:
        Console.WriteLine("nullです");
        break;
}
```

値型や参照型についてはCHAPTER 02で解説します。

C# 9では型に対するパターンマッチングで使用しない変数は省略可能ですが、それ以前のバージョンではエラーになります。

```
object obj = 3;

switch (obj)
{
    // C# 9だとエラーにならないが、それ以前のバージョンではint nと変数を書く必要がある
    case int:
        Console.WriteLine("nullです");
        break;
}
```

▶ ジェネリックに対する型パターンマッチング

C# 7.1以降から、ジェネリックに対してパターンマッチングを行うことができるようになりました。

```
public void SomeMethod<T>(T tValue)
{
    switch(tValue)
    {
        // ジェネリック型に対するパターンマッチング
        case int iValue:
            Console.WriteLine("int型です");
            break;
    }
}
```

`switch` 以外のパターンマッチングについてもCHAPTER 09で解説しています。

Ⅲ 繰り返し(ループ)

繰り返しは同じ処理を何回も実行したい場合に用います。また、配列やコレクションといったデータの集まりを処理する場合にも繰り返しを利用すると便利です。

▶ for

`for` で10回繰り返しを行う場合、次のように記述します。

```
for (int i = 0; i < 10; i++)
{
    // 繰り返し行いたい処理を記述
    // 確認のためiの値を出力する
    Console.WriteLine(i);
}
```

for の書式は次のようになります。

```
for ([初期化処理];[条件式];[条件変更])
{
    [繰り返し行う処理]
}
```


サンプルコードは次のような流れで処理を行います。

1. [初期化処理]で繰り返し判定用の変数「i」を「0」に初期化する。最初に1回だけ実行する。
2. [条件式]で繰り返し処理を継続するか判定する(「i」が「10」より小さい場合処理を続ける)。「true」の間は処理を繰り返す。
3. [条件変更]で「i」の値を1つ増加する。
4. [繰り返し行う処理]を実行する。
5. [条件式]の判定に戻る。

また、次のように配列の値に対してそれぞれの要素を取り出して処理を行うこともできます。

```
// 配列を用意する
int[] intArray = new int[5] { 1, 3, 4, 5, 7 };

for (int i = 0; i < intArray.Length; i++ )
{
    Console.WriteLine(intArray[i]);
}
```

しかし、C#ではこのような処理は foreach を利用するのが一般的です。

▶ foreach

foreach は配列やコレクションの要素を取り出して要素に対して処理を行うことができます。

```
// 配列を要する
int[] intArray = new int[5] { 1, 3, 4, 5, 7 };

foreach(int intValue in intArray)
{
    Console.WriteLine(intValue);
}
```

for で配列を処理した場合に比べて、初期化処理などがなくなりシンプルな記述になっています。シンプルであることは間違い(バグ)が入る余地も少なくなるということです。

▶ while

ループを処理する構文として while も利用可能です。 for のサンプルを while で書き替えると、次のようになります。

```
// 配列を用意する
int[] intArray = new int[5] { 1, 3, 4, 5, 7 };

// 初期化処理
int i = 0;

// 条件式
while (i < intArray.Length)
{
    // 繰り返し行う処理を記述
    Console.WriteLine(intArray[i]);

    // 条件の変更
    i++;
}
```

`for` のサンプルと同じ内容になりますが、初期化処理や条件判定が複数箇所に分離してしまうため、読みにくくなってしまっています。このケースでは、`for` の方が適しています。では、`while` はどのようなときに使うのがよいでしょうか。

たとえば、「全部で何行あるかわからないテキストファイルを1行ごとに取り出して文字を処理する場合」というケースでは `while` が適しているケースです。

```
// テキストファイルを開く
StreamReader reader = new StreamReader("readme.txt", Encoding.GetEncoding("Shift_JIS"));

// テキストが最後でない限り処理を続ける
while (reader.EndOfStream == false)
{
    // 1行取り出す
    string line = reader.ReadLine();

    // 取り出したテキストを処理する処理が続く
}
```

この処理は何回実行すれば繰り返しが完了するか判断できないため、初期化処理などが不要となり、`for` より `while` で書いた方が適しています。

▶ do-while

`while` による繰り返しは条件式より先に処理を行う `do-while` という書き方もできます。

```
do
{
    Console.WriteLine("一度は実行される");

    bool flag = false;
}
while (flag);
```

▶ breakとcontinue

while による繰り返し処理を抜ける場合、while の () に記述される条件式が false になるケース以外に break で抜けることができます。

```
// whileの条件式がtrueなので永遠にループするはず
while (true)
{
    // breakがあれば強制的に抜ける
    break;
}
Console.WriteLine("到達");
```

このプログラムは break により強制的にループを抜けるため最後まで実行されます。

ループ処理を抜けずにループ内で処理を終わらせたい場合は continue を利用します。

```
for (var i = 0; i < 10; i++)
{
    if (i == 5)
    {
        // iの値が5の場合はコンソールに出力されない
        continue;
    }
    // この出力は5が出力されず「0,1,2,3,4,6,7,8,9」となる
    Console.WriteLine(i);
}
```

▶ goto

プログラムの実行を任意の位置に飛ばしたい場合に goto が利用できます。

```
Console.WriteLine("到達");

goto label;

Console.WriteLine("到達しない");

label:

Console.WriteLine("到達");
```

goto [移動するラベル] という書式でプログラムの実行を任意のラベルに移動させることができます。

可読性の問題などから近年 goto を使うことは少なくなりましたが、C#の場合は goto が役に立つ場面が1つあります。

次のコードはC#ではエラーになります。

```
int intValue = 1;
switch (intValue)
{
    case 1:
        Console.WriteLine(1);

    case 2:
        Console.WriteLine(2);
        break;
}
```

`switch` ですが、これまで紹介したサンプルとは異なり `case 1` の場合に `break` が抜けています。

言語によってはこのプログラムは `case 1` を実行した後に `break` がないので、そのまま下の `case 2` のコードを実行します。C#ではこのように `break` 抜きで下の `case` を実行する書式はエラーになり、実行できません。

このような場合に `goto` を書くことで明示的に下の `case 2` を実行させることができます。

```
int intValue = 1;
switch (intValue)
{
    case 1:
        Console.WriteLine(1);
        goto case 2;

    case 2:
        Console.WriteLine(2);
        break;
}
```

予約語

C#では次の単語は**予約語**となり、通常は変数名などの識別子として利用できません。

- abstract
- as
- base
- bool
- break
- byte
- case
- catch
- char
- checked
- class
- const
- continue
- decimal
- default
- Delegate
- do
- double
- else
- enum
- event
- explicit
- extern
- false
- finally
- fixed
- float
- For
- foreach
- goto
- if
- implicit
- in
- int
- interface
- internal
- is
- lock
- long
- namespace
- new
- null
- object
- operator
- out
- override
- params
- private
- protected
- public
- readonly
- ref
- return
- sbyte
- sealed
- short
- sizeof
- stackalloc
- static
- String
- struct
- switch
- this
- throw
- true
- try
- typeof
- uint
- ulong
- unchecked
- unsafe
- ushort
- using
- virtual
- void
- volatile
- while

COLUMN 予約語を識別子として使いたい場合

予約語を識別子として利用したい場合、識別子の頭に `@` を付けることで利用可能です。

```
// 頭に@を付けることで予約語を利用可能
int @throw = 5;

Console.WriteLine(@throw);
```

CHAPTER 02

変数

変数

変数とは

プログラミングにおける**変数**の役割はデータを保持することです。極端にいえばプログラミングとはデータとその処理を記述する作業です。そのデータの保持の役割を担うのが変数です。C#は静的な型付け言語なので、変数の型を強く意識してコーディングを進める必要があります(これは動的な型付け言語だから型を意識しないでいいというわけではありません)。

変数はデータを入れるという性質上よく箱にたとえられます。C#の箱は基本的に形(型)が合うデータしか入れることができません。

基本的な変数の記法(宣言)

下記がC#における基本的な変数の記述方法です。

```
// int型(整数が扱える)の変数intValueを宣言する
int intValue;
```

`int` は整数を扱える型を表し、`intValue` がその変数の名前となります。 `intValue` は任意に付けられる名前です。最初に `intValue` を用意することを「**宣言する**」といいます。

変数の記法は次のようになります。

```
{型名} {変数名};
```

値を代入する

用意した変数には値を入れることができます。 `int` 型は整数を扱えると書きました。では試しに `3` という整数の値を入れてみましょう。

```
int intValue = 3;
```

後から値を入れることもできます。

```
int intValue;
intValue = 3;
```

変数名と `=` を挟んで `3` を記述しました。変数に `3` という値が入りました。これを値の**代入**といいます。

代入の右辺に記述した `3` などの直接記述された値を**リテラル**といいます。 `3` は数字なので**数値リテラル**ともいいます。

試しに変数に入れた値を出力してみましょう。

```
// int型(整数が扱える)の変数intValueに3を代入する
int intValue;
intValue = 3;
Console.WriteLine(intValue);
Console.ReadLine();
```

コードはコンソールアプリケーションプロジェクトの `Main` メソッドの中に記述します。また、今後のサンプルはコンソールアプリケーションが終了しないための、コンソールからの値の読み込み（`Console.ReadLine`）は省略します。プロジェクトの作成や追記についてはCHAPTER 01の25ページを参照してください。

変数の初期化

宣言した変数にはじめて値を代入することを**初期化**といいます。

```
// 最初に宣言だけ行う

int intValue;

// 次に代入して初期化を行う
intValue = 3;
```

```
// 宣言と初期化を1行で行う
int intValue = 3;
```

型とは

変数の宣言には**型**の指定が必要です。

型にはいろいろな種類があり、`int` 型は整数、`string` 型は文字列、`bool` 型は真偽値（`true` または `false`）といった型に応じた特定の値を扱うことができます。

```
// int型には整数が入る
int intValue = 3;

// string型には文字列が入る
string stringValue = "文字列を扱えます";

// bool型には真偽値(trueまたはfalse)が入る
bool boolValue = true;
```

次のコードはエラーになります。

```
// 文字列を扱う型(string型)に整数(int型)は入らない
string stringValue = 3;
```

01
02
変数
03
04
05
06
07
08
09

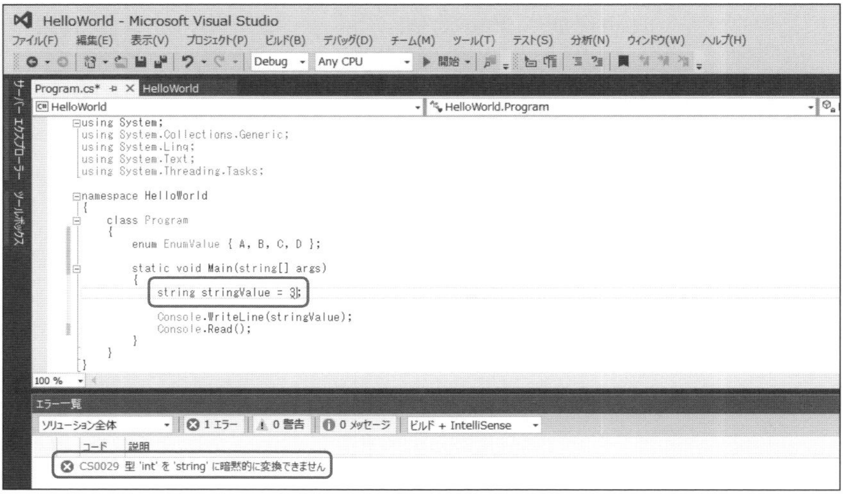

Visual Studioのエラーウィンドウに、次のようなエラーメッセージが表示されます。

```
型 'int' を型 'string' に暗黙的に変換できません。
```

変数の型は `string` ですが、代入しようとした値は `int` なので代入できませんということです。ただ、「暗黙的に変換」というのがわかりにくいですね。この暗黙的に変換については後ほど説明しますが、異なる型の代入でも「暗黙的に変換」して代入できるケースもあります。

ここでは変数はデータの入れ物であり、基本的に同じ型のデータを入れることができます。ただし、次のように `3` という数字を文字列として扱うことは可能です。

```
// 文字列として3を扱うことはできる。ただし文字としての「3」なので
// 数値として利用する場合はint型にすべき
string stringValue = "3";
```

文字列についてはCHAPTER 03でさらに詳しく紹介します。

静的と動的な型付けの違い

C#には、なぜ型が必要なのでしょうか。変数にいろいろな値が入った方が便利な気がします。動的な型付け言語では、変数にあらゆる型の値が代入可能です。

参考に動的な型付け言語であるPHPのコードを見てみましょう。

```
// $anyValueという変数を用意する
// 変数の宣言に型の情報がない
$anyValue = 1;

// 同じ変数$anyValueに文字列を入れることもできる
// $anyValueの値はもちろん"文字列も入る"になる
$anyValue = "文字列も入る";
```

一見、動的な型付けの方が自由度が高く便利に思えますが、「どんな型でも入る」というのは逆にいうと「どんな型のデータが入っているのか確定できない」ということにつながります。そのことによってどのような違いが生じるか見てみましょう。

Visual Studioでまず次のコードを入力してください。

```
int intValue = 3;
string stringValue = "文字列型";
```

`int` 型の変数と、`string` 型の変数があります。

続いて、次のように打ち込むとVisual Studioがリストを表示してくれます。

```
int intValue = 3;
string stringValue = "文字列型";

// 「.」まで打ち込むとリストが表示される
intValue.
```

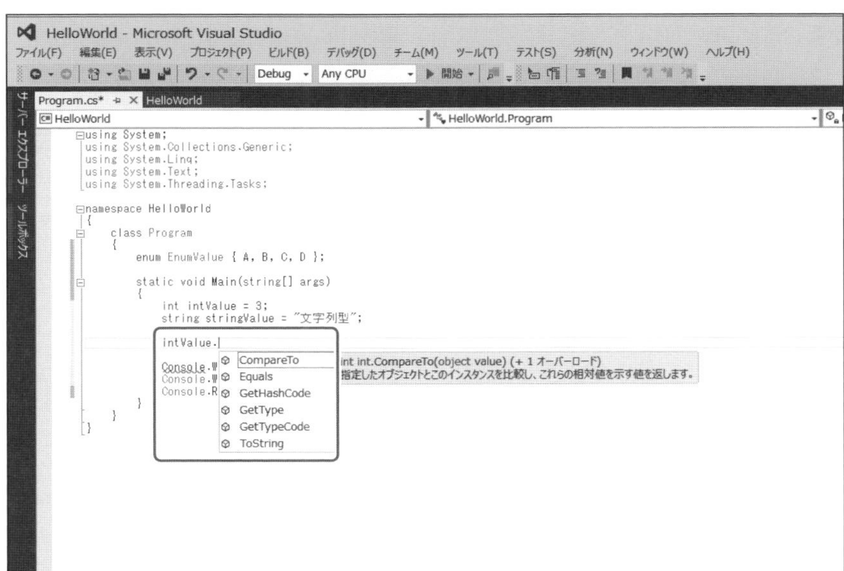

リストの量を覚えておいてください。続いて次のように書き替えます。

```
int intValue = 3;
string stringValue = "文字列型";

// 「.」まで打ち込むとリストが表示される
stringValue.
```

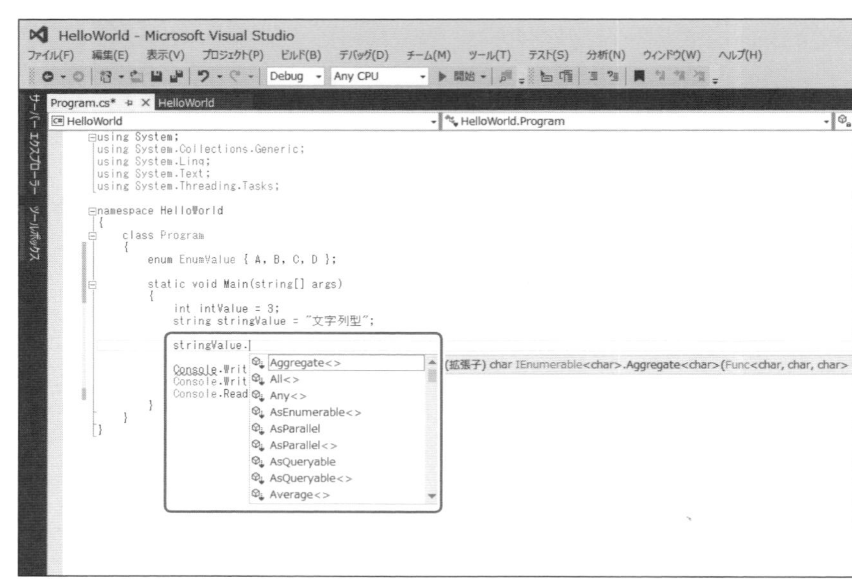

`string`型の方がリストが多く表示されました。このリストはVisual Studioが「その型なら次はこういう文字が打ち込めますよ」ということを教えてくれているのです。これを**コード補完**といいますが、型がわかる静的な型付け言語だからこそ`int`型の場合の補完、`string`型の補完と適切に補完を行うことができます。このような理由から静的な型付け言語の方が比較してより高度な補完の恩恵を受けることができます。

もう1つ、型付けの方法による違いを見て行きましょう。

動的な型付け言語は変数に型の制限がないため、「プログラムを書いた人が意図しない型」の値が誤って変数に入ってしまうということが発生します。その場合、多くはプログラムを実行した際にエラーやバグとして表面化します。C#のような静的な型付けの言語ではプログラムを実行する前に前述のようにエラーとして発見されます。このことによってプログラム実行時のエラーが減少します。逆にいうと、静的な言語は常に型を考慮したコーディングが必要であり、C#におけるVisual Studioのような開発ツールの補助がないとコーディングが困難です。

組み込み型

あらかじめ用意された型

C#にはさまざまな型が存在しますが、あらかじめ用意された基本的な型が存在します。それが**組み込み型**です。これまでのサンプルコードとして登場した `int` や `string`、`bool` といった型は組み込み型でした。

- 組み込み型の一覧

URL https://msdn.microsoft.com/ja-jp/library/ya5y69ds.aspx

int

`int` 型は整数値を扱う場合に最も利用されることが多い型です。

`int` 型が扱える値の範囲は `-2147483648` から `214748483647` の間の数値です。中途半端な数字に見えますが、プログラミングの世界はbitという2進数で表現され、`int` 型は32bit（2の32乗）のサイズを持つためです。プログラミングや、それが動作するコンピューターが2進数の世界というのはプログラミングを続けて行くと自然と理解できます。初学者の方は `int` 型は整数を扱うが扱える範囲というものがあるということを覚えておきましょう。

次のように計算した値を代入することも可能です。

```
// 3と4を足した値7がsumValueに代入される
int sumValue = 3 + 4;
```

int以外の整数型

`int` 型の範囲は多くの場合、利用するのに十分ですが、用途によってはそれより大きい値を扱いたいことがあるでしょうし、もっと小さい値で十分ということもあるでしょう。`int` 以外で整数を扱える型を紹介します。それらの型の違いは扱える値の範囲とマイナスの値を扱うかどうかです。

型	扱える値の範囲	bitサイズ
byte	0～255	8bit
sbyte	-128～127	8bit
ushort	0～65535	16bit
short	-32768～32767	16bit
uint	0～4294967296	32bit
ulong	0～18446744073709551615	64bit
long	-9223372036854775808～9223372036854775807	64bit

01
02 変数
03
04
05
06
07
08
09

▶ float、double

`float`、`double` は小数を含んだ値を扱う型です。プログラミングの世界では**浮動小数点**といいます。`float`、`double` は次のように記述します。

```
double doubleValue = 1.0;
float floatValue = 1.0f;
```

`float` の場合、`1.0f` と値の後ろに `f` が付くことに注意しましょう。`1.0` という末尾に**サフィックス(接尾辞)**と呼ばれる記号がない場合に `double` と判断します。なお、`double` の場合、明示的に `1.0d` と表記することも可能です。

ここまでの説明で終われば、小数の扱いも簡単なのですが、わざわざ浮動小数点と呼ぶようにコンピューターの2進数の世界は小数の扱いに癖があります。

```
float floatValue = 0;

// 0.1fを9回足す
for (int i = 0; i < 9; i++ )
{
    floatValue += 0.1f;
}

Console.WriteLine(floatValue);
```

一般的に想定される `f` の最終的な値は `0.9` です。ですが、値をコンソールに出力してみると次のように表示されます。

```
0.9000001
```

2進数で小数を扱う場合このように誤差が発生してしまうことがあります。

そのため、C#では小数を10進数で扱う `decimal` という型を用意しています。

decimal

上記の計算式を `decimal` で置き換えたコードが下記です。

```
decimal decimalValue = 0;

for (int i = 0; i < 9; i++ )
{
    decimalValue += 0.1m;
}

Console.WriteLine(decimalValue);
```

`decimal` のサフィックスはコードにあるように `m` です。

それでは誤差がない `decimal` を使えば万事解決かというとそうでもなく、`float` 、`double` の方が扱える値の範囲が大きいという特徴があります。

型	扱える値の範囲	有効桁数	bitサイズ
float	$\pm 1.5 \times 10^{-45} \sim \pm 3.4 \times 10^{38}$	6～9桁	32bit
double	$\pm 5.0 \times 10^{-324} \sim \pm 1.7 \times 10^{308}$	15～17桁	64bit
decimal	$\pm 1.0 \times 10^{-28} \sim \pm 7.9228 \times 10^{28}$	28～29桁	128bit

多少誤差が多くてもよいが天文学のような大きな値を使う場合は `float` や `double` 、金融などで誤差の発生が許されないような場合は `decimal` という使い分けができます。

string

`string` 型は文字列を扱う型です。文字列についてはCHAPTER 03で紹介するので、ここでは簡単に紹介します。

```
// 文字列の宣言
string stringValue = "文字列の";

// 文字を連結する
// stringValueには「文字列の連結」という値が入る
stringValue = stringValue + "連結";
```

char

文字列ではなく文字を1文字として扱いたい場合に `char` 型を用います。

```
// char型の宣言
char charValue = 'a';
```

文字列の場合はダブルクォート `"` で囲みました。ダブルクォートで囲まれた文字を**文字列リテラル**といいます。 `char` 型の文字はシングルクォート `'` で囲みます。これを**文字リテラル**といいます。

bool

`bool` 型は真偽値を扱います。**真偽値**とは `true` (真)か `false` (偽)の2つの値を持ちます。主に次のような判定に用います。

```
// bool型の変数を宣言
bool boolValue = true;

// もしboolValueがtrueだったらこの下のブロックを実行
if (boolValue == true)
{
    // boolValueがtrueの場合に実行される処理をここに記述する
}
```

```
// boolValueがtrue出ない場合(＝falseの場合)この下のブロックを実行
else
{
    // boolValueがfalseの場合に実行される処理をここに記述する
}
```


enum

`enum` 型は**列挙型**とも呼ばれ、複数の定数をひとまとめにして扱うことができます。

```
// enum型の宣言
// A, B, C, Dという4つの定数を持つ
enum EnumValue { A, B, C, D };
```

`EnumValue` は次のように利用できます。

```
EnumValue enumValue = EnumValue.B;

switch (enumValue)
{
    case EnumValue.A:
        // Aの場合の処理
        break;

    case EnumValue.B:
        // Bの場合の処理
        break;

    case EnumValue.C:
        // Cの場合の処理
        break;

    case EnumValue.D:
        // Dの場合の処理
        break;
}
```

object

組み込み型の最後に `object` という型を紹介しておきます。

`object` は**すべての型の基底となる型**です。そのため、次のコードのように `object` 型にはほかの型の値を代入することができます。

```
// object型の変数にint型の値4を代入できる
object objectValue = 4;

// 文字列も代入できる
objectValue = "オブジェクトは多くの型の基底となっている";
```

代入することはできますが、`object` 型にどのような値が入っているかエディタ(Visual Studio)は判断できません。

上記のコードの後ろに `.` を打ち込んでVisual Studioがどのような補完をしてくれるか見てみましょう。

```
// 文字列も代入できる
objectValue = "オブジェクトは多くの型の基底となっている";

// 「.」まで打ち込んで補完を確認する
objectValue.
```

結果は4つの候補しか表示されません(`object` 型の4つの操作しか持っていないためです)。 `objectValue` には文字列が入っているので、文字列型が持っている操作を行いたいところですが、そのままでは駄目なのです。

この問題は本章の60ページで紹介する**キャスト**という処理を行うことで対応します。

COLUMN　Stringとstring

C#には `String` と `string` という、先頭の大文字小文字が違う `string` 型があります。 `string` は `System.String` のエイリアス(別名)のためどちらを利用しても同じです。

`string` 以外にも `System.Int32` のエイリアスが `int` と組み込み型にはエイリアスが用意されています。

- 組み込み型の一覧表(C# リファレンス)

  URL https://msdn.microsoft.com/ja-jp/library/ya5y69ds.aspx

たとえば、`GetType` などでクラス名を取得する場合は `String` や、`Int32` という値が取得されます。

```
int intValue = 4;

// インスタンスの型名を取得する
// 「int」ではなく「Int32」という文字列が代入される
string name = intValue.GetType().Name;
```

SECTION-007

変数の応用

キャスト

`object` 型の説明で「キャスト」という言葉だけ登場しました。**キャスト**は型変換とも呼ばれ、ある型を別の型に変換する機能を提供します。

たとえば、`object` 型を扱う場合に次のコードはエラーとなります。

```
// object型にint型の値を代入
object objectValue = 4;

// object型に一旦代入した値をint型の変数に代入しようとするとエラーになる
int intValue = objectValue;
```

Visual Studioでは次のようにエラーを表示します。

```
型 'object' を 'int' に暗黙的に変換できません。明示的な変換が存在します。(cast が不足していないかどうかを確認してください)
```

`cast` という文字が出てきました。これがキャストを行うためのキーワードです。

このエラーは次のように対応します。

```
// object型にint型の値を代入
object objectValue = 4;

// (int)と文頭に書くことでint型にキャストする
int intValue = (int)objectValue;
```

`(int)` と文頭に書くことで、`int` 型にキャストしました。

キャストの書式は次のようになります。

```
({キャストしたい型}){キャストされる変数}
```

▶ キャストの問題

キャストは必要な知識ですが、キャストを利用するケースは極力減らすべきです。それはキャストが次のような問題を有しているからです。

```
// object型の変数にint型の値を代入する
object objectValue = 4;

// bool型にキャストしてbool型の変数に代入する
// これはVisual Studioではエラーとならず実行時にエラーになる
bool boolValue = (bool)objectValue;
```

このコードは簡単なコードなので、`int` 型の値を保有した `object` 型の変数を `bool` 型にキャストするのは間違っていると推測するのは容易ですが、Visual Studioはこの変換に対してエラーを表示しません。しかし、「F5」キーでプロジェクトを実行すると実行時にエラーになります。

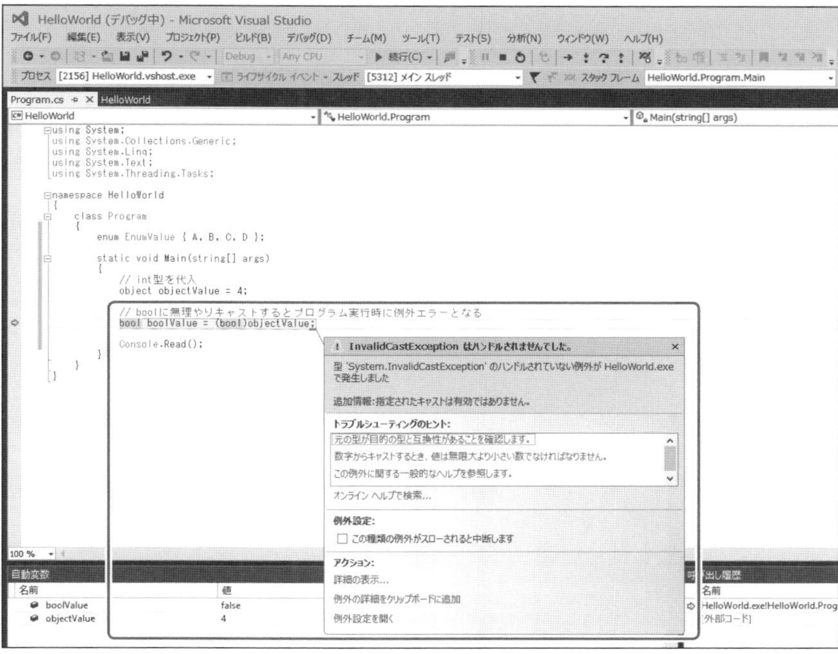

画像では `InvalidCastException`（不正なキャストによる例外）という例外エラーが発生し、プログラムはそこで終了してしまいます。

コーディング中にVisual Studioがエラーを教えてくれるか、実行時にエラーでプログラムが終了するかでは結果に大きな違いがあります（もちろんコーディング中にエラーを解決する方が望ましいです）。

▶ as

キャストの代わりに `as` を利用することもできます。

キャストの場合は前述の通り `InvalidCastException` 例外になりますが、`as` は不正なキャストを行うと `null` が返される点が異なります。そのため、`as` 演算子の対象はnull許容型（ `null` が代入できる型）である必要があります。

```
object o = 5;

// asはnull許容型にしか使えない
// intなどの値型は型の末尾に?を付けることでNull許容型として扱える
int? intValue = o as int?;
```

null

null は値が何もないという状態を表します。たとえば、次のように値が存在するかどうかの判定時に null という記述が登場します。

```
object objectValue = null;

// もしobjectValueの値がない(nullである)なら以下のコードを実行する
if (objectValue == null)
{
    // objectValueの値がnullの場合の処理
}
```

▶NullReferenceException

変数の値が null の状態でメソッド呼び出しなどの操作を行うと NullReferenceException という例外が発生します。

```
// 以下のコードはNullReferenceExceptionが発生する
string nullValue = null;
nullValue.ToString();
```

この例では、無理やり null を代入していますが、変数の中身が意図せず null というケースは発生します。変数を扱う際に null である可能性がないか気を付けましょう。

null に関してはエラーになりやすいため、C# 6以降にもnull条件演算子やnull許容参照型、null合体代入などの機能が追加されています。

null条件演算子とnull合体代入は、本章の演算子で解説します。

▶null許容型

値型の変数は値にnullを持つことができません。値型にnullを代入したい場合は**null許容型**を利用します。次のように型の末尾に ? を付けることでnull許容型となります。

```
// 型の末尾に?を付けることでnull許容型となる
int? intValue = null;
```

後述するnull許容参照型と区別するためにnull許容値型と呼ぶこともあります。

▶null許容参照型

null許容参照型はC# 8で追加されました。

C#では、null許容参照型を利用しない場合、参照型は初期化されていない場合は null となります。null許容型以外の値型は null ではなく既定のデフォルト値が未初期化の場合に設定されます。値が null の変数は NullReferenceException という例外を発生される危険があります。

null許容参照型は参照型の変数に対して「明示的に指定しない限り null を持てない」というルールを設けることができます。これはC#の挙動を変えてしまうため、有効化する必要があります。有効化する方法には次の3通りが用意されています。

- オプションとしてコード内で「nullable」ディレクティブとして指定する
- コンパイラオプションで指定する
- 「.csproj」ファイルに記述する

コード内で `nullable` ディレクティブとして指定する場合は、次のように記述します。

```
#nullable enable
```

`nullable` ディレクティブを使用すると、次のようにnull許容参照型を利用することができます。

```
#nullable enable

// このコードは警告になる
object objectValue = null;

// null許容参照型が有効な場合は型の末尾に?をつけることでnullが代入できる
object? objectValue2 = null;

// 途中から設定を変更することも可能
#nullable disable

// このコードは警告が出ない
object objectValue3 = null;
```

コンパイラオプションで指定する方法は下記のURLを参照してください。

- -nullable(C#コンパイラオプション)

  URL https://docs.microsoft.com/ja-jp/dotnet/csharp/language-reference/compiler-options/nullable-compiler-option

`.csproj` ファイルに記述する場合は、次のようにします。

```
<PropertyGroup>
    <Nullable>enable</Nullable>
</PropertyGroup>
```

varと型推論

C#では変数の型が推測可能な場合、宣言時の型を `var` で置き換えることが可能です。次の2つのコードは同じ意味を持ちます。

```
int intValue = 1;
```

```
var intValue = 1;
```

01
02 変数
03
04
05
06
07
08
09

varキーワードは**型推論**という機能で利用するキーワードです。C#では右辺の値1から推論してvarキーワードで宣言された変数を整数型(int)として扱います。

次のように変数の型を求めるとSystem.Int32が出力され、intValueがint型として扱われていることがわかります。

```
var intValue = 1;

Console.WriteLine(intValue.GetType());
Console.ReadLine();
```

エディタであるVisual Studioも型推論に従い、intValueはint型としてコード補完されます。

varは、たとえば次のような冗長な記述を回避できます。

```
// <>はコレクションを記述する記法。コレクションについてはCHAPTER 06を参照
List<List<String>> listValue = new List<List<string>>();
```

varを利用すると、次のように型を2回記述する必要がなくなります。

```
var listValue = new List<List<string>>();
```

ただし、varを利用できるのは変数の宣言時に右辺から型が明確に判断できる場合に限ります。

```
// このように後から型が決まるような書き方はできない
var intValue;
intValue = 1;
```

dynamic

これまでC#を静的な型付け言語として紹介してきました。基本的にはその通りなのですが、**C#では動的な変数も扱えます**。それがdynamicキーワードです。

dynamicキーワードで宣言した変数は動的な変数としてどのような値も代入することができます。

```
// dynamicな変数dynamicValueを宣言する
dynamic dynamicValue;

// int型の値4を代入
dynamicValue = 4;

// string型の文字列を代入
dynamicValue = "文字列";

// consoleには「文字列」が出力される
Console.WriteLine(dynamicValue);
```

`dynamic` と `var` の違いに注意しましょう。 `var` はあくまでも型の宣言を省略しただけであり、式の右側の値により推論され型が決定しています。

```
// varは宣言時に型を省略するだけで実際は推論される。下記コードのintValueはint型として動作する
var varValue = 4;

// int型の変数なのでstring型の文字列は代入できない
varValue = "文字列は入らない";
```

`dynamic` キーワードは変数として動的に値を受け取らなければいけない場合のみの利用にとどめるべきです。たとえば、他の動的言語と連携する際に変数が受け取る値が動的な場合です。

`dynamic` キーワードで宣言された変数のチェックは実行時に行われるため、エラーの発見タイミングが実行時になってしまいます。

匿名型

匿名型を使えば、一時的に使用する読み取りしかしないデータを表す型を簡潔に用意することができます。

```
// 匿名型のインスタンスを作成する
// 型名がないのでverで受け取る
var person = new { Name = "Yamada", Age = 24 };

Console.WriteLine(person.Name);
Console.WriteLine(person.Age);

// 読み取り専用なのでエラーになる
person.Age = 25;
```

匿名型の使用例としてわかりやすいのは、LINQを利用する場面です。LINQについては、CHAPTER 06で解説します。

値型と参照型

C#の型は**値型**と**参照型**に大きく分類されます。 `string` と `object` を除く組み込み型は値型です。また、構造体と列挙型も値型です。 `string` 、 `object` およびそれ以外のクラス、配列は参照型です。

値型と参照型の違いは変数が保持するデータが実際の値であるか、それを指し示すアドレスであるかという違いです。プログラム上の挙動としては次の違いがあります。

- 値型は代入時に値を複製する。参照型はアドレスを渡すだけで値は複製されない。
- 値型の方が高速に値にアクセスできるが、参照型の方が代入は高速である。

値型と参照型の違いは、次のようなコードで確認できます。

```
// int型は値型
int int1 = 3;

// 代入時には値がコピーされる
int int2 = int1;

// int1を変更してもint2は影響を受けない
int1 = 5;

// 出力は3
Console.WriteLine(int2);

// 配列は参照型
int[] intArray1 = new int[2] {1, 3};

// 代入時にはアドレスがコピーされる
int[] intArray2 = intArray1;

// intArray1の値を変更するとintArray2も影響を受ける
intArray1[1] = 5;

// 出力は5
Console.WriteLine(intArray2[1]);
```

上記のサンプルでは参照型の例として配列を利用しました。

同じ参照型の文字列型（`string`）を利用した方がサンプルとしてわかりやすいのではないかと思われた方も多いと思います。しかし、文字列型は一見、期待した通りに動作しません。

```
string string1 = "文字列は参照型";
string string2 = string1;

// 実際は右辺は
// new String("参照型だが値型のように見える動作をする");
// という動作なので参照先が変更になる。
string1 = "参照型だが値型のように見える動作をする";

// 出力は「文字列は参照型」
Console.WriteLine(string2);
```

これは参照型の正常な挙動ですが、代入でアドレスが書き変わるため、コピーしている（値型の動作）ように見えてしまいます。

ボックス化

値型と参照型の説明をしたところで、C#の**ボックス化**について紹介しましょう。

58ページでも説明しましたが、次の式は成立します。

```
int intValue = 5:
object objectValue = intValue;
```

ここで先ほどの値型と参照型の説明を思い出してください。`int`は値型ですが、`object`は参照型でした。では`object`型への値型の代入は値がコピーされるのでしょうか、アドレスが渡されるのでしょうか。

答えは値型を「ボックス化」したものの参照が入るのです。

C#ではこのボックス化という処理を行うことで、ワンクッション置いて値型と参照型を一見、同じように扱うことができるようになっています。

ボックス化はワンクッション置く分、重い処理であり、`object`から値型を取り出すときにキャストが必要になります。

```
int intValue = 5:
object objectValue = intValue;
int intValue2 = (int)objectValue;
```

ボックス化についてはCHAPTER 06でさらに紹介します。

定数

変数には`const`を用いて変更不能な**定数**を指定することが可能です。

```
// 定数を宣言する
// 定数は宣言時に初期化する
const int intValue = 4;

// 一度作成した定数は変更できない
// 以下のコードはエラーになる
intValue = 5;
```

checked

数値を表す型には最大値、最小値があることを述べました。では、その最大値を超えてしまうとどのような値になるでしょうか。

```
int intValue = int.MaxValue;

// intの最大値(2147483647)が出力される
Console.WriteLine(intValue);

intValue += 1;
```

```
// -2147483648が出力される
Console.WriteLine(intValue);
```

最大値を超えた値は反転して最小値を出力してしまいました。このような動作を**オーバーフロー**と呼びます。オーバーフローが期待されない動作の場合、C#では `checked` キーワードを利用することで例外として取得することができます。


```
try
{
    // checkedキーワードを利用することでオーバーフローを例外として捉えることができる
    checked
    {
        intValue += 1;
    }
}
catch (OverflowException exception)
{
    // 「算術演算の結果オーバーフローが発生しました。」という出力を得る
    Console.WriteLine(exception.Message);
}
```

`checked` の他に `unchecked` キーワードも存在します。 `unchecked` は何も指定しない場合と同じ結果になりますが、明示的に `unchecked` を付けることでオーバーフローが期待されている動作であることを示したり、`checked` キーワードのブロックの中で、一部オーバーフローしてもよい処理の指定に利用することができます。

タプル

C# 7以降で新しい**タプル**が追加されました。それ以前のバージョンでも `System.ValueTuple` というパッケージが提供されており、新しいタプルを利用できるようになります。従来のタプルは `System.Tuple` と異なります。こちらは.NET Framework 4で追加されています。

ここでは新しいタプル機能について解説します。従来の `System.Tuple` については後ほど簡単に比較を行います。

▶タプルの宣言

タプルはクラスや構造体などの定義を用意することなく、一時的に利用する複数の変数を組み合わせた新しい型を用意することがでます。

```
// tupleの宣言
// int型のx、yという2つの値を持つタプルを宣言
(int x, int y) tupleValue;
```

```
// 2つ以上の型を持つこともできる
(int x, int y, int z) tupleValue;
```

▶ タプルの代入とタプルリテラル

タプルに値を代入する場合は次のように記述します。

```
// tupleの宣言
(int x, int y) tupleValue;

// 代入
tupleValue = (1, 2);
```

代入時の右辺の `(1, 2)` という書き方を**タプルリテラル**といいます。
代入時には型推論の `var` を利用することもできます。

```
var tupleValue2 = (3, 4);
```

▶ 値の取り出し

タプルから値を取り出す場合は次のように記述します。

```
// 値の取り出し
Console.WriteLine(tupleValue.x);
```

▶ 再代入

タプルは匿名型と似ていますが、匿名型とは異なり読み取り専用ではないので、再代入が可能です。

```
(int x, int y) tupleValue;
tupleValue = (1, 2);

// 匿名型とは異なり読み取り専用ではない
tupleValue.x = 5;
```

匿名型の場合、次のコードはエラーになります。

```
// 匿名型を用意
var anonymousValue = new { x = 1, y = 2 };

// 読み取り専用なので代入はできない
// 以下のコードはエラーになる
anonymousValue.x = 5;
```

▶ タプルの分解

値を取り出す際に複数の変数に**分解(アンパック)**して取り出すこともできます。

```
(int x, int y) tupleValue;
tupleValue = (1, 2);

int a, b;
```

```
// タプルの分解
// aにはxの値が、bにはyの値が代入される
(a, b) = tupleValue;
```

ここでも型推論を利用することができます。

```
var (c, d) = tupleValue;
```

▶タプルの破棄

タプルの分解は不要な値を破棄することができます。破棄を行う場合は `_` を使用します。

```
// 分解後1つ目の値を破棄する
var (_, d) = tupleValue;
```

▶タプルは定義が不要

クラスや構造体の場合は定義が必要でした。

```
// クラスは定義が必要。再利用には便利だが、定義を一時的に使いたい場合はもう少し気軽に利用したい
class Shop
{
    public int X { set; get; }

    public int Y { set; get; }
}
```

クラスや構造体のように定義やクラス名のような名前を付けるほどではない複数の値を持ったデータを利用する場合にタプルや匿名型は適しています。

▶匿名型とタプル

匿名型とタプルは定義なしに型を生成して利用できる似たような機能です。

匿名型はLINQという機能と同時期に追加され、LINQで利用するのに非常に適しています。LINQのクエリの結果を受け取るという用途に対応するため、匿名型は `var` を使用し、実際の型は右辺の処理で決定します。

```
var anonymousValue = new { x = 1, y = 2 };
```

少し複雑ですが、LINQの例も紹介します。

```
var resultList = shopList.Join(memberList, s => s.ID, m => m.ShopId, (shop, member) => new
{
    ShopName = shop.Name,
    ShopId = shop.ID,
    MemberId = member.ID,
    MemberName = member.Name
});
```

この例では `Shop` と `Member` という2つのクラスのプロパティを組み合わせた匿名クラスを生成しています（ `new` 以降が匿名型です）。組み合わるためにLINQの `Join` を使用しています。

この処理は容易に匿名型の部分に新しいプロパティを追加・削除できます。それに合わせて `var` を使うことで柔軟に右辺に合わせることができる匿名型は便利ではありますが、タプルの宣言のような明確な型の定義を記述できません。

```
// tupleの宣言
(int x, int y) tupleValue;
```

タプルを使う場面としてよく登場するのがメソッドの戻り値です。

```
// 戻り値がタプルなメソッド
public (int a, int b) TupleMethod()
{
    return (1, 2);
}
```

メソッドの戻り値はシンプルに1つであることが望ましいですが、2つ以上の値を返す方が処理や名前に相応しい場合もあります。そのような場合に戻り値のためだけに型を定義するのは少し手間です。このようなケースでタプルは有効な手段となります。

もう1つ、匿名型のプロパティは読み取り専用であるのに対して、タプルは変更可能であるという点があります。どちらも一時的な使用にとどめるのがよいですが、匿名型はLINQの結果などを一時的に受け取り、取り出して使用する用途に限られ、タプルは値の変更などを行う、より広い用途での使用が可能です。

▶ 右辺からのプロパティ名の推論

C# 7.1からタプルのプロパティ名（後述するようにC# 7で追加されたタプルは構造体なので厳密にはフィールド名）を右辺から推論するようになりました

```
int a = 1;
int b = 2;

var tupleValue = (a, b);

Console.WriteLine(tupleValue.a);
```

推論ができない場合は `Item1` 、`Item2` ……というプロパティが生成されます。

```
var tupleValue = (1, 2);

Console.WriteLine(tupleValue.Item1);
```

▶ タプルの比較(==、!=)

C# 7.3以降ではタプルの比較が利用できるようになりました。使用できる演算子は `==` と `!=` です。

```
int a = 1;
int b = 2;

var tupleValue = (a, b);
var tupleValue2 = (1, 2);

// result1はtrueになる
var result1 = tupleValue == (2, 1);

// result2はtrueになる
// tupleValueのフィールドはa, bだがtupleValue2のフィールドはItem1, Item2である点に注意
var result2 = tupleValue == tupleValue2;
```

上記のサンプルからわかる通り、比較される2つのタプルはフィールド名が異なっていても、1つ目の値同士、2つ目の値同士と対応する値が同じであれば `true` になります。

▶ switchでタプルを利用する

C# 8で位置指定パターンという機能が追加され、`switch` でタプルを使用できるようになりました。複数の値の複合で `case` 分岐が決定するような場合に利用されます。

たとえば、ジャンケンの勝敗は両社の手で決まります。

```
// グー、チョキ、パーを表すenum型の定義
enum Hand { Rock, Scissor, Paper };
```

```
Hand firstHand = Hand.Scissor;
Hand secondHand = Hand.Rock;

switch(firstHand, secondHand)
{
    case (Hand.Scissor, Hand.Rock):
        Console.WriteLine("後手のグーの勝ち");
        break;
    // 他のパターンのケースを追記していく
}
```

▶ System.Tuple

C# 7以前にも `System.Tuple` というタプルを利用できるクラスが存在しました。

```
var systemTubpleValue = Tuple.Create("string", 4);

//  読み取り専用なので以下のコードはエラー
systemTubpleValue.Item1 = "文字列";
```

`System.Tuple`とC# 7で追加された`ValueTuple`の違いの1つは`System.Tuple`のプロパティは読み取り専用ですが、`ValueTuple`は変更可能という点です。

もう1つは`System.Tuple`が参照型なのに対して、C# 7から追加された`System.ValueTuple`は構造体(値型)です。

値型は頻繁にコピーを行うような場合にパフォーマンスが低くなりますが、タプルのような限定された一時的な用途では値型の方が好ましいことが多くなります。

演算子

さまざまな演算子

C#には代入以外にもさまざまな計算や処理を行う演算子があります。他の章で登場するものもありますが、ここでは主な演算子を紹介します。

- C#演算子

  URL https://msdn.microsoft.com/ja-jp/library/6a71f45d.aspx

代入演算子(=)

代入演算子 `=` は右の値を左に代入します。

```
// 基本的な代入
int intValue = 4;
```

計算した結果を代入する演算子として `+=` 、`-=` 、`*=` 、`/=` 、`%=` 、`&=` 、`|=` 、`^=` 、`<<=` 、`>>=` があります。

計算内容はそれぞれの後述の算術演算子およびビット演算子を参照してください。

```
int intValue = 4;

// intValueに3を追加した値を代入する
// intValue = intValue + 3と同じ結果になる
intValue += 3;
```

算術演算子

算術演算子は加算、減算といった四則演算を扱います。インクリメント(1つ加算)やデクリメント(1つ減算)も算術演算子に含まれます。

▶ 加算演算子(+)

`+` 演算子(加算演算子)は値の加算を行います。

```
// intValueの値は7になる
int intValue = 3 + 4;
```

▶ 減算演算子(-)

`-` 演算子(減算演算子)は値の減算を行います。

```
// intValueの値は3になる
int intValue = 4 - 1;
```

▶ 乗算演算子(*)

* 演算子(乗算演算子)は値の乗算(掛け算)を行います。

```
// intValueの値は8になる
int intValue = 4 * 2;
```

▶ 除算演算子(/)

/ 演算子(除算演算子)は値の除算(割り算)を行います。

```
// intValueの値は3になる
int intValue = 6 / 2;
```

▶ 剰余演算子(%)

% 演算子(剰余演算子)は値を割り算した余りを算出します。

```
// intValueは3になる
int intValue = 10 % 7;
```

▶ インクリメント演算子(++)

++ 演算子(インクリメント演算子)は対象の値を1つ増加します。値の右側に書くか、左側に書くかで評価のタイミングが異なります。

```
int intValue = 3;

// 値を1つ増加する。変数には4が入る
intValue = ++intValue;

// ==の比較が行われる前に値が増加されるため、比較はtrueとなる
if (++intValue == 5)
{
    // ここに記述した処理は実行される
}

// この時点でintValueは5
// ++を値の右側に記述すると比較が行われた後に加算される
// intValueの値は6になるが、先に==の比較が行われるため、比較はfalseとなる。
if (intValue++ == 6)
{
    // ここに記述した処理は実行されない
}
```

▶ デクリメント演算子(--)

-- 演算子(デクリメント演算子)はインクリメント(++)の反対で値を1つ減少させます。

ビット演算子

ビット演算子は文字通りビット演算を行います。

▶ 論理AND演算子(&)

& (論理AND演算子)はAND計算を行います。

```
// 0000001と00000010のAND計算で結果は0になる
int intValue = 1 & 2;
```

▶ 論理OR演算子(|)

| (論理OR演算子)はORの計算を行います。

```
// 00000001と00000010のOR計算で結果は3(二進数では00000011)になる
int intValue = 1 | 2;
```

▶ 論理排他的OR演算子(^)

^ (論理排他的OR演算子、論理XOR演算子とも呼ばれる)は排他的論理和の計算を行います。

```
// 00000001と00000011の排他的論理和の2(00000010)になる
int intValue = ^1;
```

▶ ビットごとの補数演算子(~)

~ (ビットごとの補数演算子)は値の反転を行います。

```
// 01111111を反転した結果-128(10000000)が入る
int intValue = ~127;
```

▶ シフト演算子(<<、>>)

<< (左シフト演算子)は左方向、>> (右シフト演算子)は右方向へのビットシフトを行います。

```
// 00000011を左方向に2つビットシフトさせるので12になる(00001100)
int intValue = 3 << 2;
```

論理演算子

論理演算子は複数の`bool`値を比較して、1つの`bool`値を導き出します。

▶条件付き論理AND演算子(&&)

`&&`(条件付き論理AND演算子)は、比較する`bool`値がすべて`true`の場合に、結果が`true`となります。

```
bool a = true;
bool b = false;

// aもbもtrueの場合trueとなる
// この場合falseとなり、if文の中の処理は実行されない
if (a && b)
{
    // aもbもtrueの場合実行される処理
}
```

▶条件付き論理OR演算子(||)

`||`(条件付き論理OR演算子)は、比較する`bool`値の一方が`true`の場合に、`true`となります。

```
bool a = true;
bool b = false;

// aまたはbがtrueの場合、trueとなる
// この場合、trueとなり処理が実行される
if (a || b)
{
    // aまたはbがtrueの場合、実行される処理
}
```

▶論理否定演算子(!)

`!`(論理否定演算子)を用いると`bool`値を反転させることができます。

```
bool a = true;
bool b = false;

// aもbもtrueの場合、trueとなる
// bの値(false)を反転させるのでbはtrueとなり、比較はtureとなる
if (a && !b)
{
    // この場合、ここに記述した処理が実行される
}
```

▶ 複数の論理演算子を組み合わせる

論理演算子は複数の組み合わせることもできます。

```
bool a = true;
bool b = false;
bool c = false;

// 論理演算子は複数重ねることができる
// この場合、&&から比較される。これは演算子の優先順位(後述)による
// 1.b && cが比較されfalseになる
// 2.a || falseが比較され最終結果trueとなりif文の中の処理は実行される
if (a || b && c)
{
    //  この場合、ここに記述した処理は実行される
}

// このように()を用いて比較の順番を変えることができる
// この場合、a || bが先に比較され、結果falseとなる。if文の中の処理は実行されない
if ((a || b) && c)
{
    //  この場合、ここに記述した処理は実行されない
}
```

▶ 複数の論理演算子におけるショートサーキット動作

論理演算子の `&&` と `||` は**ショートサーキット動作**を行います。ショートサーキット動作とは、たとえば、`&&` を例に説明すると、`&&` は左右の式が `true` である場合、`true` となります。ということは、左の式が `false` の場合、右の結果を見なくても `false` となることが確定します。そのような場合に右の式を評価しないのがショートサーキット動作です。

```
// このように2つの関数が存在するとする
bool trueMethod()
{
    Console.WriteLine("trueMethod呼び出し");

    return true;
}

bool falseMethod()
{
    Console.WriteLine("falseMethod呼び出し");

    return false;
}
```

```
// このif文ではfalseMethodがfalseとなり、「左右の両方がtrueの場合」という
// &&の条件が満たされないことが確定するので、trueMethodは実行されない
// コンソールには「falseMethod呼び出し」のみ出力される
if (falseMethod() && trueMethod())
```


関係演算子

関係演算子も左右の値を値を比較した結果として `bool` 値を導き出しますが、比較対象が `bool` 値である必要はありません。

▶ 等しい(==)

`==` は比較する対象が等しい場合に `true` となります。

```
int intValue1 = 4;
int intValue2 = 4;

// 比較対象が等しい場合にtrueとなる
if (intValue1 == intValue2)
{
    // ここに記述した処理は実行される
}
```

▶ 等しくない(!=)

`!=` は比較する対象が等しくない場合に `ture` となります。

```
int intValue1 = 4;
int intValue2 = 5;

// 比較対象が等しくない場合にtrueとなる
if (intValue1 != intValue2)
{
    // ここに記述した処理は実行される
}
```

▶ 大小の比較(<、>、<=、>=)

`<` 、`>` 、`<=` 、`>=` 演算子は値の大小を比較します。

`<` は左より右が大きい場合に `true` 、`>` は逆に右より左が大きい場合に `true` になります。

`<=` は左より右が大きいまたは等しい場合に `true` 、`>=` は右より左が大きいまたは等しい場合に `true` になります。

```
int intValue1 = 5;
int intValue2 = 4;
int intValue3 = 4;

// 右(intValue2)より左(intValue1)が大きい場合true
if (intValue1 > intValue2)
```

```
{
    // ここに記述した処理は実行される
}

// 右(intValue3)より左(intValue2)が大きい場合、もしくは2つが等しい場合にtrue
if (intValue2 >= intValue3)
{
    // ここに記述した処理は実行される
}
```

01
02 変数
03
04
05
06
07
08
09

▶is

`is` は左と右の型に互換性があるかをチェックします。互換性がある場合に `true` を返します。

```
SampleClass sample = new SampleClass();

// 変数sampleの型がSampleClassと互換性がある場合true
if (sample is SampleClass)
{
    // ここに記述した処理は実行されます
}
```

親クラスや `object` 型との比較でも `true` となります。

```
static void Main(string[] args)
{
    SampleClass sample = new SampleClass();

    // 親クラスと互換性があるためSampleParentClassとの比較がtrueとなる
    if (sample is SampleParentClass)
    {
        // ここに記述した処理は実行される
    }

    Console.ReadLine();
}

// 比較対象の親クラス
class SampleParentClass
{


}

// SampleParentClassを継承したクラス
class SampleClass : SampleParentClass
{
}
```

▶ isのパターンマッチング

C# 7では `switch` と `is` にパターンマッチングが追加されました。 `is` の場合は次のように記述することで型チェックとキャストを同時に行えます。

```
object objectValue = 3;

if (objectValue is int intValue)
{
    Console.WriteLine(intValue);
}
```


三項演算子

三項演算子は `bool` 値となる比較の結果により値を決定します。

```
int intValue1 = 3;
int intValue2 = 4;

// 「intValue1 > intValue2」の部分が比較
// 比較がtrueの場合、5がintResultに代入される
// 比較がfalseの場合、8がintResultに代入される
int intResult = intValue1 > intValue2 ? 5 : 8;
```

三項演算子は次の書式で記述します。

```
{受け取る変数} = {条件} ? {条件がtrueの場合の値} : {条件がfalseの場合の値}
```

null合体演算子(??)

`??` (null合体演算子)は左の値がnullでない場合はその値を、nullの場合は右の値を返します。

```
string stringValue = null;

string stringValue2 = stringValue ?? "nullの場合この文字列が代入される";
```

nameof演算子

`nameof` 演算子を利用すると変数名やプロパティ名などの情報を取得することができます。

```
string stringValue = null;

// stringValueという変数名が出力される
Console.WriteLine(nameof(stringValue));

// 変数からクラス名を取得したい場合
// 結果はstringではなくStringとなる。int型の場合はInt32
```

```
Console.WriteLine(stringValue.GetType().Name);

// Lengthというプロパティの名前を示す文字列が出力される
Console.WriteLine(nameof(stringValue.Length));
```


null条件演算子(?)

`?`(**null条件演算子**)はC# 6以降で使用できる機能で、変数が未割当て(`null`)の場合にそのメンバー(プロパティやメソッド)を扱おうとすると`NullReferenceException`例外が発生します。

null条件演算子は参照型の変数に対し、`null`であればメンバーへのアクセスを行わずに`null`を返し、`null`でない場合にメンバーの値を取り出します。

文字列の長さを取得する`Length`を取り出すサンプルコードを紹介します。

```
string stringValue = null;

// stringValueがnullの場合、エラーでプログラムは終了する
//Console.WriteLine(stringValue.Length);

// null条件演算子を使用するとnullでない場合のみLengthの値使用し、nullの場合はnullが返る
Console.WriteLine(stringValue?.Length);
```

上記のサンプルでは1行目で変数に`null`を代入していますが、Visual Stduioはこのようなすぐにわかるnull参照は検知してエラーにしてくれるので、自身で上記のコードを試そうと思うと動かすことはできません。

Visual Stduioで実行したい場合は次のようにメソッドに渡す形にします。メソッドについてはCHAPTER 05を参照してください。

```
static void Main(string[] args)
{
    string stringValue = null;

    SomeMethod(stringValue);
}

static void SomeMethod(string inStringValue)
{
    // 渡されたinStringValueがnullならエラーでプログラムは終了する
    //Console.WriteLine(inStringValue.Length);

    // null条件演算子を使用するとnullでない場合のみLengthの値使用し、nullの場合はnullが返る
    Console.WriteLine(inStringValue?.Length);
}
```

01
02 変数
03
04
05
06
07
08
09

null合体割り当て演算子(??=)

??= (**null合体割り当て演算子**)はC# 8で追加された機能です。左辺の変数が未割当て(null)の場合は右辺の値を代入するという処理を簡潔に記述することができます。

```
string stringValue = null;

// null合体割り当て演算子は「??=」
stringValue ??= "左がnullの場合はこの値を代入する";
```

演算子の優先順位

演算子は優先度の高いものから実行されます。下表は上に表示されているものほど優先順位が高くなります。

優先順位	演算子	演算子の種類
1	()、[]、.、new、typeof、checked、unchecked	基本式
2	+、-、!、~、++、--、キャスト	単項式
3	*、/、%	乗除算
4	+、-	加減算
5	<<、>>	シフト
6	<、>、<=、>=、is、as	関係式
7	==、!=	関係式の等値比較
8	&	論理式AND
9	^	論理式XOR
10	|	論理式OR
11	&&	条件AND
12	||	条件OR
13	?:	三項演算子
14	=、*=、/=、%=、+=、-=、<<=、>>=、&=、^=、¦=	代入演算子

上記表は頻出度が高い演算子を掲載しています。詳細は下記の公式ドキュメントを参照ください。

- C#演算子と式(C#リファレンス)
  URL https://docs.microsoft.com/ja-jp/dotnet/csharp/language-reference/operators/

演算子の結合規則

同じ優先順位を持つ演算子は結合規則を持ちます。結合規則は右から左に実行するか、左から右に実行するかを定義します。基本的に代入と三項演算子以外は左から右に実行されます。

```
// 代入は右から実行されるので、aに5が代入される
a = b = 5;
```

COLUMN 式は値を返す

代入や計算を踏まえて、もう一度「式」について解説します。式は代入や計算といった評価を経て、何らかの値を返すという性質があります。

```
if (boolValue == true)
```

上記の `if` の `()` に囲まれた部分は**条件式**といい、**式**です。 `==` は等値比較を行う演算子です。

「右側と左側が等しいか」を評価して結果として `true` か `false` という `bool` 型の値を返します。

上記の例でいうと、`boolValue` が `true` であれば評価の結果は `true` 、`false` であれば `false` となります。次のように書いても同じ動作ということがわかります。

```
if (boolValue)
```

値を返すという性質から、式は代入の右辺になることができます。

```
bool compared = boolValue == true;
```

代入も式なので、値を返しています。

```
// 代入も式なので結果を返しているが、その結果を使用していない
b = 5;
```

返した値を再度、代入に利用することができます。

```
// b = 5は代入演算子を用いた式なので、結果として5を返している
// そのため、再びaに代入するという書き方ができる
a = b = 5;
```

CHAPTER 03

文字列処理の基礎

string型

string型の基本

本章では文字列(および文字)の操作を扱います。文字列は画面に文字を表示したり、エラーの内容をテキストで保存したり、外部ファイルから文字を読み込むなどプログラムでも頻繁に利用する値です。

最初に紹介するのは文字列処理の基本クラスである `string` 型です。`string` 型を利用すれば、文字の比較をしたり、文字を分割、連結などの加工を行うことができます。本節では `string` 型の基本と、よく使う文字列の操作について解説します。

string型の初期化

`string` 型は次のようにダブルクォート `"` で囲んだ文字を渡すことで初期化することができます。また、別の文字列型の変数を代入することでも初期化できます。

```
// 文字列リテラルを渡すことで初期化する
string stringValue1 = "string型は文字列を扱います";

// 別の変数で初期化することもできる
string stringValue2 = stringValue1;
```

文字列の初期化時に指定する値がない場合は次のように記述できます。

```
// 初期化時に値がない場合
string stringValue1 = string.Empty;

// こちらでもよい
string stringValue2 = "";
```

未初期化の `string` 型は `string.Empty` ではなく `null` です。

```
// 初期化時に値が渡らない場合はnullでありString.Emptyではない
String stringValue;
```

エスケープシーケンス

エスケープシーケンスは円マーク `¥`(環境によってはバックスラッシュ `\`)から始める文字で特殊な意味を持ちます。

```
string stringValue = "この文字は¥n改行されて出力されます";
```

¥n は改行コードを意味します。上記コードは以下の出力を得ます。

```
この文字は
改行されて出力されます
```

エスケープシーケンス	説明
¥'	シングルクォート
¥"	ダブルクォート
¥¥	円記号
¥0	Null
¥a	ビープ音
¥b	バックスペース
¥n	改行
¥f	フォーム フィード
¥r	キャリッジ リターン
¥t	水平タブ
¥v	垂直タブ

@(逐語的文字列)

文字列の先頭にアットマーク @ を付けることで円マークなしでエスケープシーケンスを扱えます。

```
// 文字列の頭に@をつけると円マークをそのまま扱える
string stringValue = @"これは350¥です";
```

また、次のように改行などを挟むことができます。

```
string stringValue = @"文字列は
このように複数行に記述できる
改行コードはいらない";
```

文字列の比較

文字列が意図したものと等しいか判定するには次のように行います。

```
string stringValue1 = "文字列";

if (String.Equals(stringValue1, "文字列"))
{
    Console.WriteLine("同じ文字列です");
}
```

文字列を一定のルールに従って大小判定する `Compare` メソッドを利用して比較を行うこともできます。

```
string stringValue1 = "文字列";

if (String.Compare(stringValue1, "文字列") == 0)
{
    Console.WriteLine("同じ文字列です");
}
```

`Compare` メソッドは比較する2つの文字列が等しい場合、`0` を返します。

単純に文字列が等しいかの判定を行う場合は `Equals` メソッドを利用するのがシンプルですが、たとえばアルファベットの大文字小文字を無視した判定などを行いたい場合は `Compare` メソッドが有効です。

```
// 大文字小文字を無視したい場合
string stringValue1 = "Abc";

// Compareメソッドの3つ目の引数にtrueを指定することで大文字小文字を無視して判定を行う
// この比較はtrueとなり「同じ文字列です」が出力される
if (string.Compare(stringValue1, "aBc", true) == 0)
{
    Console.WriteLine("同じ文字列です");
}
```

空文字の判定

文字列に値がない場合の判定は次のように記述できます。

```
string stringValue1 = string.Empty;

// この判定は成立しプログラムは「空文字です」と出力する
if (stringValue1 == string.Empty)
{
    Console.WriteLine("空文字です");
}
```

`string.Empty` の代わりに `""` を用いても同様の動作をします。

```
string stringValue1 = "";

// この判定は成立しプログラムは「空文字です」と出力する
if (stringValue1 == string.Empty)
{
    Console.WriteLine("空文字です");
}
```

ただし、次の例では意図した結果を得られない可能性があります。

```
// 値がnullの場合この判定は成立しない(false)。
// プログラムは何も出力しない
string stringValue1 = null;

if (stringValue1 == string.Empty)
{
    Console.WriteLine("空文字です");
}
```

`null` も判定に含めたい場合は次のように記述します。

```
string stringValue1 = null;

// 空文字の場合とnullの場合を判定する
if (stringValue1 == string.Empty || stringValue1 == null)
{
    Console.WriteLine("空文字です");
}
```

また、次の書き方も可能です。

```
string stringValue1 = null;

// string型にはIsNullOrEmptyメソッドが用意されている
if (string.IsNullOrEmpty(stringValue1))
{
    Console.WriteLine("空文字です");
}
```

`null` も含めた空文字判定には `IsNullOrEmpty` メソッドを利用するのがシンプルです。

文字列の連結

文字列型は次のように連結することができます。

```
String stringValue1 = "文字列は";

stringValue1 = stringValue1 + "連結できます";

//「文字列は連結できます」という出力を得る
Console.WriteLine(stringValue1);
```

次の式も同じく文字列を連結します。

```
String stringValue1 = "文字列は";
```

```
stringValue1 = String.Concat(stringValue1, "Concatでも連結できます");

//「文字列はConcatでも連結できます」という出力を得る
Console.WriteLine(stringValue1);
```


+ と String.Concat による文字列の連結は等価です(ビルド後に行われる処理が同じという意味)。ただし、string 型を用いた文字列の連結は、多用するとパフォーマンスに影響が出ることがあります。文字列の連結を多用する場合は後述する StringBuilder クラスを利用するとよいでしょう。

文字列の分割

文字列を特定の文字がある箇所で分割したい場合、Split メソッドを利用します。

```
string stringValue = "カンマ,で区切った,文字列";

// 文字列をSplitメソッドでカンマで分割する
string[] splitedString = stringValue.Split(',');

// カンマで区切ったそれぞれの文字列を出力する
foreach(String str in splitedString)
{
    // カンマで区切った文字列を1行ずつ出力する
    Console.WriteLine(str);
}
```

文字列の置換

文字列を置換するには Replace メソッドを利用します。

```
String stringValue1 = "abc def";

// Replaceメソッドの第1引数は置き換える対象の文字列、第2引数は置き換える新しい文字列
// 文字列は「ABC def」と置き換えられる
stringValue1 = stringValue1.Replace("abc", "ABC");
```

文字列の前後にある空白を取り除く

先に紹介したようにカンマ , などで区切られた文字列を分割した場合などに文章の前後に空白が残る場合があります。そのような場合に文章の前後の空白を取り除く処理を知っておくと役に立ちます。

```
// カンマの後に半角スペースが入った例
string stringValue = "カンマ, で区切った, 文字列";
string[] splited_string = stringValue.Split(',');

foreach(String str in splited_string)
```

```
{
    // そのまま出力すると2つめの文字列以降文頭に半角スペースが入ってしまう
    Console.WriteLine(str);

    // 半角スペースを取り除く
    Console.WriteLine(str.Trim());
}
```

`Trim` メソッドを使うことで文字列の前後の半角スペースを取り除くことができました。メソッド名から推測できるようにこのような処理を**トリム**と呼びます。

文字数を調べる

文字列の文字数は次のように取得します。

```
String stringValue1 = "文字列";

// コンソールに3が出力される
Console.WriteLine(stringValue1.Length);
```

`String` クラスの `Length` プロパティは文字数を返します。しかし、次の場合、正しい結果が得られません。

```
// 𩸽(ほっけ)という漢字はLengthで1文字とならない
String stringValue1 = "𩸽";

// コンソールには期待した1ではなく2が出力される
Console.WriteLine(stringValue1.Length);
```

なぜ「𩸽(ほっけ)」という文字が正常に機能しないかの詳細は避けますが、この文字は**サロゲートペア**という特殊な文字に該当します。Windows Vista以降のWindows OSやサロゲートペアに対応したブラウザの場合、このような文字を扱うことを考慮する必要があります。

サロゲートペアに対応したい場合、次のように `StringInfo` クラスを利用します。

```
String stringValue1 = "𩸽";

// using System.Globalization;をusing句に追加する
StringInfo stringInfo = new StringInfo(stringValue1);

// consoleは1という出力を得る
Console.WriteLine(stringInfo.LengthInTextElements);
```

文字列から数値への変換

文字列型で保持している数字を数値型にして扱いたい場合は、次のように変換します。

```
string stringValue = "123";
int intValue = int.Parse(stringValue);
```

文字列の書式を指定する

文字列を特定の書式に変換したい場合があります。その場合、次のように `string.Format` を利用します。

```
string stringValue1 = "文字列";
string stringValue2 = "フォーマット";

string resultString = string.Format("{0}を{1}します。", stringValue1, stringValue2);

// "文字列をフォーマットします"という出力を得ます
Console.WriteLine(resultString);
```

`{0}` を2つ目の引数、`{1}` を3つ目の引数に指定された値と置き換えます。さらに `{2}` は4つ目の引数に指定された値というように、置き換える箇所を増やすこともできます。

数字を0パディングする

`3` という数字の左に `0` を並べて `0003` と表示したい場合は、次のように `ToString` メソッドを利用します。 `ToString` メソッドはすべての型が持つメソッドです（正確にはすべての型のもととなる `object` 型が持っているメソッド）。

```
int intValue = 4;

// 0パディングした0004という文字列を得る
string stringValue = intValue.ToString("0000");
```

正規表現

文字列を処理する場合、単純な比較ではなく、特定のパターンに基づいて判定したいことがあります。そのような場合に**正規表現**を利用します。

```
// 正規表現にはRegexクラスを用いる
// using System.Text.RegularExpressions;をusing句に追加する
// Aから始まり任意の文字列の後cで終わる文字列があればマッチする
var regex = new Regex("A*c");

// マッチする
Console.WriteLine(regex.IsMatch("Abc"));
```

▼

```
// 文字列のどこかにマッチする部分があればマッチする
Console.WriteLine(regex.IsMatch("fAbcS"));

// マッチしない
Console.WriteLine(regex.IsMatch("エービーシー"));

// 「*」は何文字でもよいのでマッチする
Console.WriteLine(regex.IsMatch("AbEdr4c"));

// 大文字小文字は判定するのでマッチしない
Console.WriteLine(regex.IsMatch("AbC"));
```


C#の文字列は変更できない

C#の `string` 型は値を変更できないという特徴があります。

```
string stringValue = "もとの文字列";
stringValue += "と追加する文字列";

// stringValueは「もとの文字列と追加する文字列」という値になる
Console.WriteLine(stringValue);
```

上記の処理はもとの文字に新しい文字を追加しているように見えますが、実際はもとの文字はそのままで、新しく「もとの文字列と追加する文字列」という文字列を新しく生成します。この際、もとの文字列は**ガベージコレクション**というメモリのデータを整理する仕組みにより破棄されます。このため、頻繁に文字の変更処理を行う場合はガベージコレクションの対象となるデータが増えてパフォーマンスが落ちる場合があります。 `string` 型より `StringBuilder` 型の方が文字列の変更処理に優れています。

char型

1文字を扱うchar型

これまで「文字列」と「文字」という単語を使って来ました。多くの場合で文字列と記載し、1文字ないし空の場合のみ「文字」という表現をしてきました。C#ではこの1文字を扱うための `char` 型という型が存在します。

`char` 型は文字を1文字ごとに扱いたい場合に利用します。また、`char` 型は文字を数字として表す（文字コード）ことも可能です。

```
char charValue1 = 'a';
var charValue2 = '字';
```

このように `char` 型の文字を扱う場合、シングルクォート `'` で文字を囲みます。

string型からchar型への変換

文字列である `string` 型から1文字を表す `char` 型の集合を取り出すこともできます。

```
// 文字列を用意する
string stringValue = "文字列";

// ToCharArrayメソッドでchar型の配列を取得する
char[] charArray = stringValue.ToCharArray();

foreach(char charValue in charArray)
{
    // 取り出した文字を1文字ずつ処理する
    Console.WriteLine(charValue);
}
```

char型からString型への変換

`char` 型を逆に `string` 型に変換することもできます。

```
string stringValue = "文字列";

// ToCharArrayメソッドでchar型の配列を取得する
char[] charArray = stringValue.ToCharArray();

// もう一度、文字列に戻す
string newStringValue = new String(charArray);
```

文字コードの取得

文字にはその文字を表す**文字コード**が存在します。char 型から文字コードを取り出す、または文字コードを char 型に変換することができます。

```
char charValue = 'a';

// intにキャストすることでコードが得られる
int code = (int)charValue;

// aの文字コードを出力する
Console.WriteLine(code);

// 文字コード97に対応する文字(97はa)を出力する
Console.WriteLine((char)97);
```

StringBuilder型

StringBuilderの用途

string 型が変更不能であり、一見すると変更されているように見える処理でも新しい string 型の値を生成して置き換え、古い値を破棄しているということを93ページで述べました。この点で、string 型は頻繁に連結や置換するような処理ではコストがかかる重い処理になります。

そのために用意された型が StringBuilder 型です。 StringBuilder 型を用いるシーンとしてよく例に出されるのはループなどの繰り返し処理での大量の文字列連結です。

```
StringBuilder sb = new StringBuilder("StringBuilder型の文字列");

// 繰り返して文字を連結する場合はStringBuilder型が有効
for (var i = 0; i < 100000; i++ )
{
    sb.Append("文字列を連結");
}
```

文字列の連結

StringBuilder 型の文字列を連結するには Append メソッドを利用します。

```
StringBuilder sb = new StringBuilder("StringBuilder型の文字列");
sb.Append("文字列を連結");
```

連結ごとに改行したい場合は AppendLine メソッドを利用します。

```
StringBuilder sb = new StringBuilder("StringBuilder型の文字列");
sb.AppendLine("文末に改行を入れる");
sb.AppendLine("文頭で改行される");
```

StringBuilder型からstring型への変換

StringBuilder 型から string 型に変換することもできます。

```
StringBuilder sb = new StringBuilder("StringBuilder型の文字列");

// ToStringメソッドでstring型に変換
string stringValue = sb.ToString();
```

文字列補間

C# 6から文字列に式を埋め込むことができる新しい記法が追加されました。

```
string stringValue = "C#";

// Hello C# Worldと出力される
Console.WriteLine($"Hello {stringValue} World");
```

`$` から始めた文字列は `{}` 内に式を記述することで文字列内に値を埋め込むことができます。 `{}` 内に記述できるのは式なのでインスタンスのプロパティを出力することもできます。

```
// nameというプロパティを持つShopクラスのインスタンスを生成する
Shop shop = new Shop() { ID = 1, Name = "Shop Name" };

Console.WriteLine($"Wellcome to {shop.Name}");
```

式が記述できるとはいえ、文字列中にプログラム処理が入ると可読性を落とすことになるので、あまり複雑な処理を書かない方がよいでしょう。

数値リテラルの構文の改善

C# 7で数値リテラルの可読性を上げる書き方が追加されました。バイナリ(2進数)リテラルで `_` による区切り文字が使用可能になります。

```
// 2進数の33
// 2進数は0bから始める
int binaryValue = 0b0010_0001;
```

C# 7.2からバイナリを表す `0b` や、16進数を表す `0x` の直後に `_` を記述できるようになりました。

```
int binaryValue = 0b_0010_0001;

int hexValue = 0x_1ab;1
```

数値リテラルに対しても `_` による区切り文字が使用可能になりました。

```
// 3桁で区切ると桁の多い数字が読みやすくなる
long longValue = 3_980_000;
```

逐語的文字列と文字列補間(@と$)

文字列リテラルの先頭に `@` を付けることで逐語的文字列の機能が、`$` を付けることで文字列補間の機能がそれぞれ利用可能でした。

C# 6以降C# 7までは2つを同時に利用したい場合、`$@` という順番で記述する必要がありましたが、C# 8以降では `$@` 、`@$` のどちらの順番でも記述可能になりました。

CHAPTER 04

関数

SECTION-012

関数の基礎

関数とは

本章では関数について扱います。

関数は複数の処理をひとまとめにすることができ、その処理に渡される値と、処理が結果として返す値を制限します。これはプログラミングの複雑さを減少させるために有効な手段です。また、関数にまとめることで同じ処理の記述を1カ所にまとめることができます。

C#における関数はクラスの一部となりますが、クラスとの関連についてはCHAPTER 05で扱います。その場合、関数はメソッドと呼びます。

関数の基本文型

関数の基本的なサンプルです。

```
int SumMethod(int a, int b)
{
    return a + b;
}
```

最初の `int` は関数が処理結果として返す「戻り値」の型を表します。2つ目の `sumMethod` は「関数の名前」です。続く `(int a, int b)` は関数が `int` 型の値を2つ「引数」として受け取るという意味になります。

`{}` で囲まれた部分が関数の処理で、`return` は値を関数を呼び出した元へ返すという記述です。サンプルの場合受け取ったint型の値aとbを足し算した値を、呼び出した元へ返します。

基本文型は次の通りです。

```
[戻り値の型] [関数名]([引数])
{
    [処理]

    return [戻り値]
}
```

関数を利用する

これまでのようにコンソールアプリケーションでサンプルの関数を呼び出したい場合は、基本にいくつかのキーワードをプラスした記述が必要になります。

```
// コンソールアプリケーションで関数を利用する
class Program
{
    static void Main(string[] args)
    {
        // 関数の結果を受け取るための変数を用意する
        int result;

        // 関数を利用する
        // 関数には引数として3,5という値が渡される
        result = SumMethod(3, 5);

        // resultを出力する
        // 今回の場合は8という値が出力される
        Console.WriteLine(result);

        Console.ReadLine();
    }

    /**
     * 関数のサンプルaとbの値の足し算した結果を返す
     * 呼び出し元にstaticのキーワードがあるので関数にもstaticが必要になる
     */
    static int SumMethod(int a, int b)
    {
        // 今回の場合aは3を、bは5を値として持つ
        // 関数は呼び出し元に
        return a + b;
    }
}
```

ここで記載した `static` についてはCHAPTER 05で説明します。以降のサンプルでは先頭の `static` を省略しますが、コンソールアプリケーションの `Main` 部で利用したい場合は上記のサンプルのように `static` を付ける必要があります。

関数を呼び出す基本文型は次の通りです。

```
[戻り値を受け取る変数] = [関数名]([関数に渡す引数]);
```

関数が値を返さない場合や、値を受け取る必要がない場合は左辺が省略されます。

```
[関数名]([関数に渡す引数]);
```

SECTION-013

引数

関数の引数

関数に渡す値を引数といいます。引数は実際に関数に渡される値である**実引数**と、関数内で扱う**仮引数**の2つがあります。

実引数は実際に関数の呼び出し時に渡す値であり、呼び出しごとに変数は3といった値を渡します。

仮引数は型と変数名を定義しているところからも、変数の宣言のようだと感じた方も多いと思います。実際に、この仮引数には実引数で渡した値が代入されます。

```
// 関数呼び出し時に関数に渡される実引数
result = SumMethod(3, 5);
```

```
int SumMethod(int a, int b)
{
    // 関数の定義側で利用する引数(この場合int型のaとbという変数)が仮引数
    return a + b;
}
```

引数として渡される値は値渡しとなりますが、後述する `ref` 、`out` を利用することで参照を渡すことも可能です。

COLUMN 関数の定義と呼び出し

関数には「その関数がどういう処理を行うか」を記述した定義と、実際に関数を使用する「呼び出し」があります。

100ページで説明したものが関数の定義です。101ページで説明したものが呼び出しです。

それぞれに引数の記述があり実引数と仮引数といいます。

ややこしいですが、関数が難しいと感じたら自分で書いてみながら覚えるのが一番です。

引数のデフォルト値

関数の引数には値が渡されなかった場合に利用するデフォルトの値を指定することができます。詳しくは104ページを参照してください。

```
/**
 * 関数のサンプルaとbの値の足し算した結果を返す
 */
int SumMethod(int a, int b = 5)
{
    return a + b;
}
```

2つ目の引数が与えられなかった場合、`b` には `5` が代入されます。

```
int result;

// 2つ目の引数を省略。結果は8
result = SumMethod(3);
```

2つ目の引数を与えることも可能です。この場合デフォルト値ではなく、与えられた値が利用されます。

```
int result;

// 2つ目の引数を与えることも可能。結果は7となる
result = SumMethod(3, 4);
```

関数のオーバーロード

また、同名で引数の数が違う関数を用意することもできます。

```
/**
 * 引数が1つの場合2倍して返す
 */
int CalcMethod(int a)
{
    return a * 2;
}

/**
 * 引数が2つの場合足し算の結果を返す
 */
int CalcMethod(int a, int b)
{
    return a + b;
}
```

```
// 引数が1つのCalcMethodが呼ばれる
int result = CalcMethod(4);
```


refキーワード

関数に渡す引数は基本的に値渡しですが、refキーワードを利用することで参照を渡すことができます。

下記の説明を読む前に変数にも値型と参照型があったことを思い出してください。

引数で渡される値が参照渡しであるか、値渡しであるかは関数の中で引数の値を変更した場合に違いが出ます。まずはrefを使用しない値渡しのサンプルの挙動を確認します。

```
// 実際に利用する際はstaticを関数に指定する
void Main(string[] args)
{
    // intは値型
    int intValue = 3;

    // StringBuilderは参照型
    StringBuilder sbValue = new StringBuilder("参照型");

    SampleMethod(intValue, sbValue);

    // 3を出力
    Console.WriteLine(intValue);

    // "参照型"と出力
    Console.WriteLine(sbValue);

    Console.ReadLine();
}

/**
 * 値渡しの例
 * 関数内でそれぞれの変数を変更する
 */
void SampleMethod(int tmpInt, StringBuilder tmpSb)
{
    tmpInt++;
    tmpSb = new StringBuilder("関数内で変更");
}
```

これが関数の基本的な動作(値渡し)です。

実際の変数ではなく、そのコピーが渡されるため関数の中で引数の値が変更されたとしても、関数として渡した値は影響を受けません。

次はrefキーワードを利用します。refキーワードは仮引数、実引数両方にrefというキーワードを付ける必要があります。

```
// 実際に利用する際はstaticを関数に指定する
void Main(string[] args)
{
    // intは値型
    int intValue = 3;

    // StringBuilderは参照型
    StringBuilder sbValue = new StringBuilder("参照型");

    SampleMethod(ref intValue, ref sbValue);

    // 3を出力
    Console.WriteLine(intValue);

    // "参照型"と出力
    Console.WriteLine(sbValue);

    Console.Read();
}

/**
 * refによる参照渡しのサンプル
 * 関数内でそれぞれの変数を変更する
 */
void SampleMethod(ref int tmpInt, ref StringBuilder tmpSb)
{
    tmpInt++;
    tmpSb = new StringBuilder("関数内で変更");
}
```

このように `ref` キーワードを利用すると引数の値が関数内の処理を受けて変更されます。

C#に限らずプログラミングでは通常、関数に渡した引数がその関数の処理の影響を受けて変更されることは好まれません。変数の値の変更が追いにくくなり、可読性を低下させるためです。 `ref` キーワードは明示的にこの関数に渡した値は変更されるということを示すキーワードなのです。

引数が参照型か値型による挙動の違い

次の例では意図しない結果が得られる可能性があります。

```
// 実際に利用する際はstaticを関数に指定する
void Main(string[] args)
{
    StringBuilder sbValue = new StringBuilder("参照型");

    SampleMethod(sbValue);
```

▼

01 02 03 04 関数 05 06 07 08 09

```
        // "参照型への文字の追加"が出力される
        Console.WriteLine(sbValue);
        Console.ReadLine();
    }

    void SampleMethod(StringBuilder tmpSb)
    {
        tmpSb.Append("への文字の追加");
    }
```


この結果は ref を用いていないにもかかわらず、関数に値を渡すことでもとの値が変更されたように見えます。

これは値型が値そのものを変数に保持しており、関数に値渡しすることでそのコピーを渡すという動作であるのと異なり、参照型の変数は変数にその**値の参照先へのアドレス**を保持しており、関数に値渡しをすることで**値の参照先へのアドレスのコピー**が渡されるためです。そのため、参照型の引数は値渡しであっても、その変数が所有する関数への操作などで影響を受けてしまいます。

outキーワード

引数を参照渡しする方法としてもう1つ out キーワードがあります。

out を利用する方法は ref の場合と同じく仮引数、実引数の両方に out というキーワードを付けることです。

しかし、次のコードはコンパイル時にエラーになります。

```
void Main(string[] args)
{
    int intValue = 3;
    StringBuilder sbValue = new StringBuilder("参照型");

    SampleMethod(out intValue, out sbValue);

    Console.WriteLine(intValue);

    Console.WriteLine(sbValue);

    Console.ReadLine();
}

void SampleMethod(out int tmpInt, out StringBuilder tmpSb)
{
    tmpInt++;
    tmpSb = new StringBuilder("関数内で変更");
}
```

下記のエラー文が確認できます。

```
未割当のoutパラメーター'tmpInt'が使用されました。
```

エラーを解消するために次の修正を行います。

```
void Main(string[] args)
{
    // outキーワードで渡す引数は関数から値を受け取るために用いる
    // out内で初期化されるためここでは未初期化でよい
    int intValue;
    StringBuilder sbValue;

    SampleMethod(out intValue, out sbValue);

    Console.WriteLine(intValue);

    Console.WriteLine(sbValue);

    Console.ReadLine();
}

/**
 * outで渡した引数は値を受け取るために渡す
 * 関数内で値は初期化される
 */
void SampleMethod(out int tmpInt, out StringBuilder tmpSb)
{
    tmpInt = 4;
    tmpSb = new StringBuilder("関数内で設定");
}
```

`out` を呼び出す側で値の初期化が省略され、関数内で値が初期化しています。

`out` はこのように関数内で値を初期化するという明示的な宣言を意味します。そのため、関数内で値を初期化しない最初の例はコンパイル時にエラーになりました。

それでは `out` はどのようなときに使うのかというと、関数の戻り値を受け取る場合に利用します。通常、戻り値は関数から `return` を利用して戻されますが、1つの変数しか戻すことができません。`out` を使えば、`out` で渡された変数に渡すことで、2つ目の戻り値を返すことが可能になります。

COLUMN refとoutの実引数

refとoutでは関数を呼び出す側の引数（実引数）にもref、outというキーワードが必要になります。

```
// 呼び出し側、定義側双方にref、outが必要
SampleMethod(out intValue, out sbValue);
```

プログラミングでは引数で渡した値が、関数内で変更されることはあまり好まれません。

自分で書いた関数であれば内部でどういう処理を行っているか自明ですが、他人の書いたコードなどは内部の処理がわからないことがあります（Console.WriteLineの内部処理がわからないように）。このようなケースでは、関数に渡した値が変更されると意図しないバグを生むことになりかねません。

ref、outは関数内で値を変更することができます。そのため、関数を呼び出す側でも、変数が変更されることがあることを気付かせるためにref、outを記述します。

戻り値およびローカル変数の参照渡し

C# 7以降では関数の戻り値やローカル変数で参照渡しが可能になりました。

ローカル変数とは関数内で宣言を行う変数です。これまでに使用してきた変数はすべてローカル変数です。ローカル変数ではない変数はCHAPTER 05のクラスの説明で登場します。

戻り値を参照渡しで返す関数の定義は次のようになります。

```
static public ref int RefMethod(ref int a, ref int b)
{
    a = a * b;

    return ref a;
}
```

戻り値の型指定（ref int）や、戻り値を実際にreturnしている箇所（return ref a）にrefキーワードを使用します。

参照渡しされていない引数や、ローカル変数は戻り値を参照渡しで返すことができません。

関数を呼び出して、参照ローカル変数で受け取ります。

```
int refA = 3;
int refB = 4;

ref int refResult = ref RefMethod(ref refA, ref refB);

// refA、refResultともに12
Console.WriteLine(refA);
Console.WriteLine(refResult);
```

引数を参照渡しで返す場合、このように代入の左辺に関数を記述することができます。

```
int refA = 3;
int refB = 4;

ref int refResult = ref RefMethod(ref refA, ref refB);

// refA、refResultともに12
Console.WriteLine(refA);
Console.WriteLine(refResult);

RefMethod(ref refA, ref refB) = 5;

// refA、refResultともに5
Console.WriteLine(refA);
Console.WriteLine(refResult);
```


inキーワード

C# 7.2以降では参照渡しに利用できるキーワードとして `in` が使用できます。`in` キーワードを使用すると、参照渡しかつ変更不可の引数を渡すことができます。

```
// inキーワードを指定した引数は変更不可
public void InMethod(in int inValue)
{
    // このコードはエラーにある
    inValue = 4;
}
```

可変引数

関数を定義する際に引数の数がいくつになるか決定できない場合があります。そのような場合に**可変引数**を用います。

```
/**
 * paramsキーワードを利用すると可変の引数を受け取れる
 */
int SampleMethod(params int[] intArray)
{
    int sum = 0;

    // 値は配列として受け取れる
    foreach(var intValue in intArray)
    {
        sum += intValue;
    }
    return sum;
}
```

利用する場合は次のように呼び出します。

```
// 引数として渡せる値は可変
var sum = SampleMethod(1, 2, 3, 4);
```

可変引数と通常の引数を組み合わせることができますが、可変引数の指定はそれ以外の引数の最後である必要があります。

```
// 可変引数以外の引数を受け取ることも可能だが、可変引数の前に指定する必要がある
int SampleMethod(string str_value, params int[] int_array)
```

SECTION-014

戻り値

戻り値とは

関数は `return` を用いて**戻り値**を1つ呼び出し元に戻すことができます(例外的に `out` キーワードで渡された引数に値を渡すことができることは先述の通りです)。

関数の戻り値は関数の定義に次のように宣言します。

```
// int型の戻り値を返す関数
int SumMethod(int a, int b)
{
    return a + b;
}
```

戻り値は**返り値**と呼ぶこともあります。

戻り値がない場合

関数が何も返さない場合は `void` を指定します。その場合、`return` は次のように何も返しません。もしくは、`return` がなくても構いません。

```
// 関数は何も値を返さない
void SomeMethod()
{
    // 何か処理がここに記述される

    // returnは省略可能
    return;
}
```

処理途中のreturn

`return` は関数の途中で記述することもできます。また、関数中に複数の `return` が存在しても構いません。

```
int SampleMethod(int intValue)
{
   if (intValue == 3)
   {
       // returnは処理の途中に記述することもできる
       return 2;
   }
   // 複数のreturnが関数の中にあっても構わない
   return intValue;
}
```

ただし、関数が何らかの値を返す場合、処理の中に値を返さないフローが存在することはできません。

```
// int型の関数にint型の戻り値を返さない流れがあってはいけない
int SampleMethod(int intValue)
{
    if (intValue == 3)
    {
        return 2;
    }
    // この処理は戻り値を返さないためエラーになる
    else if (intValue == 4)
    {
        intValue = 5;
    }
    else
    {
        return intValue;
    }
}
```


ローカル関数

C#では関数の中に関数を定義し、それを利用することができます。このような関数を**ローカル関数**をといいます。ローカル関数は1つの関数内でしか使用しない処理を共通化することができます。

```
// 親メソッド
public static void MainMethod(int c)
{
    // ローカル関数の呼び出し
    // MainMethod以外ではLocalMethodは呼び出せない
    Console.WriteLine(LocalMethod(2, 2));


    // ローカル関数の定義
    int LocalMethod(int a, int b)
    {
        // 親メソッドのスコープ内の変数にアクセス可能
        a = a + c;

        return a + b;
    }
}
```

ローカル関数の特徴は、親メソッド以外では使用できない、親メソッドの変数や別のローカル関数を使用できる、などがあります。

親メソッド以外で使用できないということは、一見すると不便に思えますが、親メソッド以外では呼び出されていないということを保証できるので、プログラミングでは複雑さを軽減するメリットになります。

▶ローカル関数のstaticキーワード

C# 8以降ではローカル関数に `static` キーワードを使用することができます。これによってそのローカル関数では親メソッドのローカル変数などを使用できなくなります。

```
// 親メソッド
public static void MainMethod(int c)
{
    // ローカル関数の呼び出し
    // MainMethod以外ではLocalMethodは呼び出せない
    Console.WriteLine(LocalMethod(2, 2));


    // ローカル関数の定義にstaticを使用する
    static int LocalMethod(int a, int b)
    {
        // staticを付けると変数cの部分でエラーになる
        a = a + c;

        return a + b;
    }
}
```

`static` を付けることによって、明示的に親メソッドのローカル変数や別のローカル関数を使用しないことを宣言することができます。

▶ローカル関数の属性付与

C# 9以降ではローカル関数にも属性を設定できるようになりました。

```
public static void MainMethod(int c)
{
    Console.WriteLine(LocalMethod(2, 2));

    [Author("Makoto Nishimura")]
    int LocalMethod(int a, int b)
    {
        a = a + c;

        return a + b;
    }
}
```

CHAPTER 05

クラス

SECTION-015

クラス

クラスとは

本章ではクラスについて扱います。

クラスとは簡単に説明すると、関連した変数と関数を1つにまとめたものです。クラスの利点は単に、関数と変数をまとめただけにとどまらず、オブジェクト指向というプログラミングの考え方と相まって、それまでの構造化プログラミングと比較して大幅に複雑さを軽減できることです。

これまでC#でコンソールアプリケーションを記述してきましたが、実はコードを記述してきたファイルも `Program` という名前のクラスの中でした。そういう点ではC#でコーディングをすることは意識するしないにかかわらず、オブジェクト指向を用いたプログラミングをしてきたといえます。それがよりオブジェクト指向を理解したコーディングかどうかという違いはありますが。

クラスの書き方

クラスの基本的な書き方は次のようになります。

```
class [クラス名]
{
    // ここに処理が記述される
    // 処理は関数と変数からなり、それぞれ関数はメソッド、変数はフィールドと呼ばれる
}
```

コンソールアプリケーションの記述と比較してみましょう。

```
class Program
{
    static void Main(string[] args)
    {
    }
}
```

`Program` がクラス名です。 `Program` というクラスに `Main` という関数(メソッド)が定義されています。C#ではクラスの持つ関数を**メソッド**と呼びます。

クラスは前述の通り変数を持つこともできます。メソッド同様、C#ではクラスが持つ変数は**フィールド**と呼びます。

```
class SampleClass
{
    // フィールド
    int IntValue = 3;

    // メソッドでフィールドを操作する
    // thisは記述しなくても良い
    void SomeFunction()
    {
        this.IntValue = 5;
    }
}
```

このようにクラスの中、メソッドの外に記述する変数を**フィールド**または**メンバー変数**と呼び、メソッド内で宣言する変数を**ローカル変数**と呼びます（本書ではクラスの文脈上で変数について言及する場合は「フィールド」と記述します）。

クラス内でフィールドを利用する場合、`this.IntValue` のように `this` を記述すると明示的にクラスのフィールドであることがわかります。 `this` は省略可能ですが、次のような場合、 `this` が必要です。

```
class SampleClass
{
    // フィールド
    int IntValue = 3;

    // メソッドでフィールドを操作する
    // thisは記述しなくてもよい
    void SomeFunction()
    {
        // クラスのフィールドと同じ名前のローカル変数を用意する
        // 紛らわしいので通常は別の名前にした方がよい
        int IntValue = 3;

        // 明示的にthisを記述することでローカル変数と区別できる
        // この場合、クラスのフィールドに5が代入される
        this.IntValue = 5;

        // thisの指定がない場合、ローカルの変数に3が加算される
        IntValue += 3;

        // 結果、フィールドのIntValueは5に、ローカル変数のIntValueは6となる
    }
}
```

ローカル変数とフィールドの違い

クラスが持つ変数はクラスが存在する限り利用可能ですが、メソッド内で宣言したローカル変数はそのメソッドに限り有効で、メソッドが終了すると変数も利用ができなくなります。

変数が利用できる有効範囲を**スコープ**といいます。

```
class SampleClass
{
    // フィールド
    int IntValue = 3;

    void SomeFunction()
    {
        // メソッド内で宣言した変数はローカル変数と呼ばれメソッド内でだけ利用が可能
        int localValue = 1;
    }

    // 別のメソッド
    void AnotherFunction()
    {
        // フィールドは利用可能
        this.IntValue = 5;

        // このように別のメソッドのローカル変数を利用することはできない
        // (このコードはエラーになる)
        localValue = 3;
    }
}
```

また、C#では中括弧もスコープになります。

```
// if文の中で変数を宣言する
if (true)
{
    // if文の中括弧の中で変数を宣言する
    int intValue = 4;

    // ここはスコープの範囲内なので変数を利用可能
    Console.WriteLine(intValue);
}

// ここではintValueを利用できない
Console.WriteLine(intValue);
```

if文などではなく、中括弧だけ記述してスコープとすることもできます。

```
static void Main(string[] args)
{
    // このように中括弧のみの記述も可能
    {
        int intValue = 3;
        Console.WriteLine(intValue);
    }

    // {}がスコープの単位となるためここではintValueを参照できない
    // 以下のコードはエラーになる
    Console.WriteLine(intValue);
```


クラスを利用する

クラスは利用することができます。先ほどの `SampleClass` を利用したい場合は次のように記述します。

```
// クラスを変数に代入する
// 型はクラスと同じSampleClass型となる
SampleClass sample = new SampleClass();
```

クラスを変数に代入することは、`new` というキーワードを利用することから「**newする**」、または、newされたものをクラスの**インスタンス**と呼ぶため、「**インスタンスを生成する**」といいます。

しかし、このままだとクラスの変数やメソッドが利用できません。これはクラスの変数やメソッドが公開範囲の指定がない場合、外部から利用不可能な `private` に設定されているからです。外部からクラスの変数やメソッドを利用したい場合は公開範囲を `public` にします。

▶ オブジェクト初期化子

クラスのインスタンスを生成した時点でフィールドを初期化することができます。

```
// インスタンス生成時にNameフィールドを初期化する
SampleClass sample = new SampleClass() { IntValue = 10 };
```

後述するプロパティに対してもオブジェクト初期化子は利用可能です。

▶ new式

代入の右辺や、メソッドの引数に渡す場合など、インスタンスを生成するクラスの型が判別可能な場合、**new式**を利用することができます。

```
SampleClass sample = new() { Name = "Yamada" };
```

`var` による型推論が使えないフィールドの宣言などで使用すると冗長な記述を回避することができます。

クラスの公開範囲

クラスはそれ自身もしくは、クラスの持つ変数、メソッドの利用をどこまで許可するかを指定することができます。

クラスの**公開範囲**を指定することで、値の変更やメソッドの呼び出しをクラス内に制限したり、外部からの利用を許可したりできます。必要な変数やメソッドのみを公開することによって変更の追跡が容易になります。

公開範囲には次の種類があります。

▶ public

`public` はどこからでもアクセス可能な一番緩い制限です。クラスを利用する側に公開したいものだけを `public` に指定します。

```
class SampleClass
{
    // publicな変数はクラスの外部から利用可能
    public int IntValue = 3;

    public void SomeFunction()
    {

        // 当然クラス内のメソッドからも利用可能
        this.IntValue += 5;
    }
}
```

下記がクラスを利用するサンプルコードです。

```
SampleClass sampleClass = new SampleClass();

// クラスの変数もメソッドも外部から呼び出し可能
sampleClass.IntValue = 4;
sampleClass.SomeFunction();
```

▶ private

`private` の公開範囲はクラスの中のみです。外部や継承したクラスからのアクセスを禁止したい場合に設定します。

```
class SampleClass
{
    // privateな変数はクラス内からのみ利用可能
    private int _intValue = 3;

    public void SomeFunction()
    {
        // 同じクラス内のメソッドからなら変更可能
```

▼

```
        this._intValue += 5;
    }
}
```

```
SampleClass sampleClass = new SampleClass();

// クラス外から変数にアクセスすることはできない
// 以下のコードはエラー
sampleClass._intValue = 4;
```

クラスの変数やメソッドは、指定がない場合は `private` になります。

▶ internal

`internal` は同一のアセンブリ内でのみ利用可能という公開範囲です。`internal` を指定すると、ライブラリ(dllなど)を作成した場合に、そのライブラリ内でのみ利用可能となります。

クラスの公開範囲は、指定がない場合は `internal` となります。

▶ protected

`protected` は、外部からは呼び出せないが継承したクラスからは利用可能という公開範囲です。継承に関しては124ページで述べます。

▶ private protected

C# 7.2以降で、`private protected` というアクセス修飾子が使用できるようになりました。同一アセンブリ内かつ継承したクラスで使用することができます。

▶ 公開範囲の省略

公開範囲の記述は省略することが可能です。C#ではクラスの公開範囲はデフォルトで `internal` 、フィールドとメソッドは `private` であることに注意しましょう。

コンストラクタ

クラスはインスタンスの作成時に一度だけ実行したい処理(クラスの初期化処理など)を定義することが可能です。これを**コンストラクタ**といいます。

コンストラクタはクラス名と同じ名前のメソッドを記述することで実行できます。

```
class SampleClass
{
    // コンストラクタ
    public SampleClass()
    {
        // クラス生成時に一度だけ実行される
    }
}
```

コンストラクタは値を戻すことがないので、戻り値の記述がないことに注目してください。また、コンストラクタも関数同様に、引数別に用意することができます。

```
class SampleClass
{
    int IntValue = 3;

    // インスタンスの作成時に引数がないコンストラクタ
    public SampleClass()
    {
        this.IntValue = 5;
    }

    // int型の引数を受け取るコンストラクタ
    public SampleClass(int intArg)
    {
        this.IntValue = intArg;
    }
}
```

```
// 引数がないコンストラクタが呼び出される
SampleClass sampleClass = new SampleClass();

// int型の引数をとるコンストラクタが呼び出される
SampleClass sampleClass2 = new SampleClass(4);
```

▶ インスタンス生成時に変数に値を指定する

コンストラクタに値を渡すことでインスタンスの初期化処理を行いますが、コンストラクタに値を渡す以外にインスタンスの生成時に変数に値を指定することができます。

```
class SampleClass
{
    public int IntValue;

    public string Name;
}
```

このクラスにはコンストラクタがないため、初期化時に値を指定する方法がないように見えますが、次のように記述することで値を指定することができます。

```
SampleClass sample1 = new SampleClass() { IntValue = 5, Name = "西村" };
```

デストラクタ

コンストラクタでクラスのインスタンスを生成した時点で実行される処理を記述することができました。

同様にインスタンスが破棄される際に呼び出される処理を記述することもできます。それを**デストラクタ**といいます。

```
class SampleClass
{
    // インスタンスの破棄時に呼び出されるデストラクタ
    ~SampleClass()
    {
        // ここにクラス破棄時の処理を記述する
    }
}
```

継承

継承とは

クラスは**継承**という機能を利用することで、元のクラスの機能を利用した新しいクラスを作成することができます。

継承を利用することで、元のクラスのコードに手を入れることなく拡張が可能、同じコードを複数記述することがないなどのメリットがあります。

```
// 継承される元のクラス
class BaseClass
{
    // 外部には公開しないが継承したクラスで利用した場合はprotectedアクセス修飾子を利用する
    protected int IntValue = 4;

    protected void BaseMethod()
    {
        this.IntValue = 5;
    }
}

// BaseClassを継承するExtendClassを用意する
// 継承したいクラスをクラス名の後ろに:(コロン)を挟んで記述する
class ExtendClass : BaseClass
{
    // ExtendClassはBaseClassを継承して、ExtendMethodというメソッドを1つ追加した
    public int ExtendMethod()
    {
        // BaseClassのメソッドが利用可能
        this.BaseMethod();

        // BaseClassの変数も利用可能
        return this.IntValue;
    }
}
```

継承元への代入

継承したクラスは継承元のクラスに代入することが可能です。より動作がわかりやすくなるように `BaseClass` に次のように `public` なメソッドを1つ追加します。

```
class BaseClass
{
    protected int IntValue = 4;
```

```
    protected void BaseMethod()
    {
        this.IntValue = 5;
    }

    // パブリックなメソッドを1つ用意する
    public void BasePublicMethod()
    {

    }
}
```

下記が継承元に代入するコードです。

```
ExtendClass ex = new ExtendClass();
BaseClass baseClass = ex;

baseClass.BasePublicMethod();

// ExtendClassのメソッドは呼び出せない
// 以下のコードはエラーになる
baseClass.ExtendMethod();
```

継承元のクラスに代入した場合、継承元として扱われるため、ExtendMethodのように継承先のメソッドは呼び出せません。

継承元の同名メソッドを呼び出す

継承した上で継承元のものとは少し動きの違う同名のメソッドを用意したい場合があります。

継承元のクラスと継承先のクラスに同名のメソッドやプロパティが存在する場合、継承先のメソッドが呼び出されます。この状態を継承元のメソッドまたはプロパティが**隠蔽されている**といいます。

```
class BaseClass
{
    public  void SomeMethod()
    {
        Console.WriteLine("BaseClass.SomeMethod");
    }
}

class ExtendClass : BaseClass
{
    // ExtendClassのSomeMethodを呼び出すとExtendClass.SomeMethodが出力される
    // ExtendClassにとってBaseClassのSomeMethodは隠蔽されている
    public void SomeMethod()
```

```
    {
        Console.WriteLine("ExtendClass.SomeMethod");
    }
}
```

次のように記述すると、隠蔽された BaseClass の SomeMethod を呼び出すことができます。

```
class BaseClass
{
    public  void SomeMethod()
    {
        Console.WriteLine("BaseClass.SomeMethod");
    }
}

class ExtendClass : BaseClass
{
    public void SomeMethod()
    {
        // baseキーワードで元のクラスにアクセスできる
        base.SomeMethod();
        Console.WriteLine("ExtendClass.SomeMethod");
    }
}
```

Ⅲ 継承元のコンストラクタを明示的に呼び出す

継承したクラスのインスタンスの作成時、デフォルトの状態では継承元クラスの引数なしコンストラクタが呼び出されます。

引数ありのコンストラクタを呼び出すには、次のように base キーワードを用いて明示的に呼び出します。

```
class BaseClass
{
    public BaseClass()
    {
        Console.WriteLine("引数なしコンストラクタが呼び出されました");
    }

    public BaseClass(int intValue)
    {
        Console.WriteLine("引数ありのコンストラクタが呼び出されました。");
        Console.WriteLine(intValue);
    }
```

```
}

class ExtendClass : BaseClass
{
    public ExtendClass():base (4)
    {

    }
}
```

コンストラクタに base() を記述することで親クラスのコンストラクタを呼び出すことができます。 base の () 内に引数を記述することで、base のコンストラクタに値を渡すことができます。

継承と公開範囲

120ページでも説明しましたが、private な公開範囲のフィールド、メソッドは継承先から呼び出すことができず、protected であれば利用が可能です。

```
// 継承される元のクラス
class BaseClass
{
    protected void ProtectedMethod()
    {
        Console.WriteLine("継承先から呼び出し可能");
    }

    private void PrivateMethod()
    {
        Console.WriteLine("継承先から呼び出し不可能");
    }
}

// BaseClassを継承するExtendClass
class ExtendClass : BaseClass
{
    public void ExtendMethod()
    {
        // protectedなメソッドは呼び出し可能
        this.ProtectedMethod();

        // privateなメソッドは呼び出し不能
        // 以下のコードはエラーになる
        this.PrivateMethod();
    }
}
```

抽象クラス

オブジェクト指向には**抽象化**という考え方があります。簡単にいうと、継承元のクラスでは実際の処理を記述せずに、継承したクラス側で処理を記述します。

C#では**抽象クラス**と**インターフェイス**という2つの方法で抽象化を実現します。まずは抽象クラスの例を見てみましょう。

```
// 抽象クラスは頭にabstractを記述する
abstract class Person
{
    // 抽象メソッド
    // 実際の処理はここでは記述されておらず、継承したクラスで記述する
    public abstract string GetName();

    // 関数の実装を記述することもできる
    public int GetNumber(int i)
    {
        return i;
    }
}
```

`Person` クラスは抽象クラスです。すべての処理が実装されているわけではなく、`getName` メソッドが未実装で `abstract` キーワードが付けられています。

未実装な部分があるため、抽象クラスのインスタンスを作成することはできません。

```
// この処理はエラーになる
// 抽象クラスはインスタンスを生成することができない
Person person = new Person();
```

抽象クラスを継承したクラスに実装を記述していきます。

```
// 抽象クラスを実装したクラスを用意する
class Nishimura : Person
{
    // abstractで指定した抽象メソッドを実装するにはoverrideキーワードを指定する
    public override string GetName()
    {
        return "Nishimura";
    }
}
```

このクラスはインスタンスを生成することができます。

```
Nishimura nishimura = new Nishimura();
string name = nishimura.GetName();
```

抽象クラスは、実装の共通点が多いが、一部の実装が異なる場合などに有効です。

▶ 抽象クラスへの代入

継承の項目で説明しましたが、抽象クラスも継承元の型に代入することができます。

動作を説明するためにもう1つ `Person` クラスを継承したクラスを用意します。

```
class Kawakami : Person
{
    // abstractで指定した抽象メソッドを実装するにはoverrideキーワードを指定する
    public override string GetName()
    {
        return "Kawakami";
    }
}
```

2つのクラスは次のように扱うことができます。

```
bool isNishimura = true;

Person p;

if (isNishimura)
{
    p = new Nishimura();
}
else
{
    p = new Kawakami();
}
p.GetName();
```

Ⅲ インターフェイス

抽象化の手段としてもう1つインターフェイスを紹介します。

インターフェイスは、抽象クラスが一部の実装を含んでいたのとは異なり、実装が全くありません。

```
// インターフェイスの定義
// インターフェイス名には通常、1文字目にI(InterfaceのI)を付ける
interface IPerson
{
    string GetName();
    int GetAge();
}
```

抽象クラス同様に、インターフェイスもインスタンスを作成することができません。インターフェイスは次のように継承して実装を定義します。

```
class NIshimura : IPerson
{
    string GetName()
    {
        return "Nishimura";
    }

    int GetAge()
    {
        return 20;
    }
}
```

このようにインターフェイスは複数のクラスで呼び出し（メソッド）を共通化したい場合に利用できます。

クラスの応用

virtual

継承を利用した場合に継承先のクラスで継承元と同名のメソッドが隠蔽されることを説明しましたが、次の場合、継承元のメソッドが呼び出されます。

```
// 継承元の型で宣言した変数に代入する
BaseClass baseClass = new ExtendClass();

// 継承元のsomeMethodが呼び出される
baseClass.SomeMethod();
```

```
class BaseClass
{
    // 上記の場合、こちらのメソッドが呼び出される
    public  void SomeMethod()
    {
        Console.WriteLine("BaseClass.SomeMethod");
    }
}

class ExtendClass : BaseClass
{
    public void SomeMethod()
    {
        Console.WriteLine("ExtendClass.SomeMethod");
    }
}
```

次のように `virtual` を利用すると継承先のメソッドが呼ばれます。

```
// 継承元の型で宣言した変数に代入する
BaseClass baseClass = new ExtendClass();

// virtualを利用しているので継承先のメソッドが呼び出される
baseClass.SomeMethod();
```

```
class BaseClass
{
    // virtualキーワードを指定する
    public virtual void SomeMethod()
    {
        Console.WriteLine("BaseClass.SomeMethod");
```

```
    }
}

class ExtendClass : BaseClass
{
    // 継承先のメソッドはoverrideキーワードを指定する
    public override void SomeMethod()
    {
        Console.WriteLine("ExtendClass.SomeMethod");
    }
}
```


匿名型

C#では型を定義しない**匿名型**があります。匿名型を利用すると特に型を指定せずに変数にオブジェクトを受け取ることができます。

```
var anonymousValue = new { Name = "Nishimura", Age = 38 };
Console.WriteLine(anonymousValue.Age);
```

このコードは次のように書き替えることもできます。

```
var anonymousValue = new { Name = "Nishimura", Age = 38, Place = "Hiroshima" };
Console.WriteLine(anonymousValue.Place);
```

左辺の `anonymousValue` の型が右辺に合わせて変更されました。

プロパティ

クラスは**プロパティ**という機能が利用できます。プロパティは利用する側からは変数のように扱え、クラス内部ではメソッドのように振る舞います。

```
class SampleClass
{
    // int型のプロパティIntValueを用意する
    public int IntValue
    {
        set
        {
            // セットされた値はvalueという変数に代入されている
            Console.WriteLine(value);
        }

        get
        {
            // ゲットでint型の値を返す
            return 3;
```

```
        }
    }
}
```

IntValue というプロパティがあり、set と get というブロックが存在します。IntValue に値を代入した際に set の処理が実行され、IntValue から値を取得する場合に get の処理が実行されます。

実際に SampleClass のインスタンスを利用しているコードを見てみましょう。

```
SampleClass sampleClass = new SampleClass();

// intValueに値を代入するとsetの処理が実行され、4がコンソールに出力される
sampleClass.IntValue = 4;

// intValueから値を取り出すとgetの処理が実行され3がコンソールに出力される
Console.WriteLine(sampleClass.IntValue);
```

プロパティは private なフィールドと合わせて利用できます。

```
class SampleClass
{
    // privateなフィールドintValue
    // この変数はマイナスの値を代入できないという制限があるとする
    private int intValue;

    // int型のプロパティIntValueを用意する
    // privateなフィールドintValueを公開する
    public int IntValue
    {
        set
        {
            // intValueはマイナスの値をとらない
            if (value < 0)
            {
                this.intValue = 0;
            }
            else
            {
                this.intValue = value;
            }
        }

        get
        {
            // getはそのままintValueの値を返す
            return this.intValue;
```

```
        }
    }
}
```

クラスを利用する側から見ると `IntValue` は変数のように扱えますが、値を代入した際に、マイナスを値は `0` に変換されます。このように単純に値を代入または取得させずに何か処理を挟みたい場合にプロパティは有効です。

▶ getのみ利用可能にする

プロパティは値の取得は可能だが、代入はできない変数を用意することが可能です。

```
class SampleClass
{
    // privateな変数intValue
    private int intValue;

    // int型のプロパティintValueを用意する
    // プロパティはgetのみ提供する。プロパティに値を代入することはできず、値の取得だけ可能となる
    public int IntValue
    {
        get
        {
            return this.intValue;
        }
    }
}
```

この場合、`IntValue` に値を代入することはできず、次のコードはエラーになります。

```
SampleClass sampleClass = new SampleClass();

// 値の取得は可能
int getValue = sampleClasss.IntValue;

// プロパティはsetが提供されていないため、この処理はエラーになる
sampleClass.IntValue = 4;
```

同様に `set` のみのプロパティも可能です。

▶ 自動プロパティ

プロパティは簡略化して次のように記述することも可能です。これを**自動プロパティ**といいます。

```
// シンプルなgetとsetを持つint型のAgeというプロパティ
public int Age {get; set;}
```

▶ 自動プロパティの初期化

C# 6以降であれば自動プロパティを次のように初期化することができます。

```
// Ageを5で初期化する
public int Age {get; set;} = 5;
```

▶ 読み取り専用の自動プロパティ

C# 6以降、`get`のみに自動プロパティを利用できるようになりました。

```
// C#6以前ではgetのみだと初期化する方法がなかったので、getのみの自動プロパティは使用できなかった
public int Age {get;} = 5;
```


Ⅲ インデクサ

インデクサを利用すると、クラスに配列のような添え字によるアクセスを提供できます。

```
String stringValue = "SampleString";

// インデクサによるアクセス
// consoleにSが出力される
Console.WriteLine(stringValue[0]);
```

サンプルは`char`型の配列にアクセスするように1文字を取り出すことができます。

▶ インデクサを自作クラスに利用する

自作のクラスにもインデクサは利用可能です。`String`型で利用したような`char`型を返すインデクサは次のように作成します。

```
// インデクサを持つクラス
class SampleClass
{
    private char[] charValue = {'S', 'a', 'm', 'p', 'l', 'e'};

    // インデクサ
    // 本来なら添え字の溢れをチェックする必要がある
    public char this[int index]
    {
        set
        {
            charValue[index] = value;
        }
        get
        {
            return charValue[index];
        }
    }
}
```

静的メンバー(static)

これまでクラスは new を用いて、インスタンスを生成して利用してきました。

クラスにはインスタンスではなく、クラスに所属するメンバーとして**静的メンバー**を作成することができます。静的メンバーには変数、メソッドどちらも指定可能で、static キーワードを利用します。

```
class SampleClass
{
    static public int staticIntValue;


    static public int GetIntValue()
    {
        return SampleClass.staticIntValue;
    }
}
```

静的メンバーはインスタンスを生成せずに利用します。

```
// 静的な変数に値を代入する
SampleClass.StaticIntValue = 4;

// 静的なメソッドを呼び出す
int intValue = SampleClass.GetIntValue();
```

静的なメンバーは **クラス名.** という書式に続く形で呼び出します。

インスタンスを生成しないため静的なメンバーはプログラム中に1つしか存在しません。

```
class SampleClass
{
    // 静的な変数
    static public int StaticIntValue;

    // 通常の変数も記述することができる
    public string Name;

    // 静的なメソッド
    static public int GetIntValue()
    {
        return SampleClass.StaticIntValue;
    }
}
```

上記クラスの場合、Name という変数にはインスタンスとごに値を持つことができますが、静的なメンバーである StaticIntValue は1つしか値を持ちません。

```
// クラスは複数のインスタンスを作成することでそれぞれ別々の値を持つことができる
SampleClass sample1 = new SampleClass();
sample1.Name = "西村";

SampleClass sample2 = new SampleClass();
sample2.Name = "Nishimura";

// 静的なメンバーは1つしか存在しない
SampleClass.StaticIntValue = 8;
```


部分クラス(partial)

部分クラスを利用するとクラスの実装を複数に分けることができます。

```
// partialを用いると1つのクラスの実装を複数に分けることができる
partial class SampleClass
{
    public int IntValue;

    public string Name;
}

// 同じクラス名でpartialキーワードを付ける
partial class SampleClass
{
    // もう一方のpartialを指定したクラスの変数が利用できる
    public int GetIntValue()
    {
        return this.IntValue;
    }
}

// 機能的には2つ以上に分けることもできる
partial class SampleClass
{
    public int GetIntValue2()
    {
        return this.GetIntValue();
    }
}
```

Windowsストアアプリというアプリケーションを作成するためのプロジェクトでは、ページを表示するための処理を記述するクラスは次のように部分クラスとして提供されています。

```
public sealed partial class MainPage : Page
```

部分クラスとすることで、MainPage クラスの既存コードと、アプリケーションを開発する人が記述したコードとを分離できるという利点もありますが、クラスの定義を複数に分けることでコードが把握しにくくなるというマイナス要素も存在します。

sealed

sealed キーワードを指定したクラスは、そのクラスを継承したクラスを作成することができなくなります。

```
// sealedを用いるとクラスの継承を禁止することができる
sealed class SampleClass
{
}

// 継承することができないためエラーになる
class ExtendSampleClass : SampleClass
{
}
```

読み取り専用

クラスの変数には読み取り専用を指定することができます。読み取り専用の変数には readonly キーワードを利用します。

```
class SampleClass
{
    private readonly int intValue = 4;

    void SampleMethod()
    {
        // 読み取り専用なので値を変更することはできない
        // 以下のコードはエラーになる
        this.intValue = 5;
    }
}
```

readonly の変数はコンストラクタでも初期化することができます。

```
class SampleClass
{
    private readonly int intValue;
```

```
    // readonlyの変数はコンストラクタでも初期化できる
    SampleClass()
    {
        this.intValue = 5;
    }
}
```

構造体

C#ではクラスのように変数と関数を持つ**構造体**が利用できます。構造体とクラスの大きな違いは、クラスが参照型であるのに対し、構造体は値型である点です。また、クラスのような継承の仕組みは構造体にはありません。

```
// 構造体も変数、関数を持つことができる
// クラスと異なり構造体は値型である
struct SampleStruct
{
    public int IntValue;

    int SomeMethod(int a, int b)
    {
        return a + b;
    }
}
```

▶構造体の読み取り専用メンバー

C# 8以降では、構造体のメンバーに `readonly` キーワードを使用できるようになりました。`readonly` キーワードが付いたメソッドは、メソッドの処理でメンバーの変更を行えないようになります。

```
struct SampleStruct
{
    public int IntValue;

    readonly int SomeMethod(int a, int b)
    {
        // このコードはエラーになる
        IntValue = IntValue + a;

        return a + b;
    }
}
```

01 02 03 04 05 クラス 06 07 08 09

record型

C# 9で record 型が追加されました。 record 型は変更不可の参照型を簡単に用意することができる型です。 record は class に似ています(実際にコンパイル後は class として扱われる)が、値の比較の動作が異なっていたり、便利なコピーの仕組みを提供してくれます。

record 型は次のように記述します。

```
public record Person
{
    public string Name { get; }

    public int Age { get; }

    public Person(string name, int age)
    {
        Name = name;
        Age = age;
    }
}
```

record の部分を class に差し替えると、そのまま class の定義になります。

record 型では次の比較が true になります。

```
Person p1 = new Person("Yamada", 30);
Person p2 = new Person("Yamada", 30);

// classであればインスタンスが異なるので以下の比較はfalseになるが、recordではtrueになる
Console.WriteLine(p1 == p2);
```

record の宣言は次のように記述することもできます。

```
public record Person(string Name, int Age);
```

この場合、同じくC# 9の新機能である**初期化専用セッター**が利用されます。

withによるコピー

record 型は with キーワードを用いて複製を作成することができます。

```
// Name、Ageが等しいコピーを作成する
Person p3 = p2 with {};
// NameがSatoのコピーを作成するAgeは30
Person p4 = p2 with { Name = "Sato" };
```

初期化専用セッター

C# 9からプロパティに初期化時のみ値を設定できるセッターを追加することができるようになりました。先ほどの `record` 型の `with` ではこの機能が使用されています。

```
public class Employee
{
    public string Name { get; init; }

    public int Age { get; init; }
}
```

プロパティの `set` の代わりに `init` が指定されています。

```
// 初期化時は値を設定できる
Employee employee = new Employee() { Name = "Yamada", Age = 20 };

// 初期化後は変更できない。このコードはエラーになる
employee.Age = 30;
```

CHAPTER 06

配列とコレクション

配列とコレクションの基礎

データの集合を扱う

プログラミングでデータを扱う場合、1つではなく複数のデータをまとめて扱いたい場合があります。たとえば、会員のデータを会員リストとしてまとめて扱うといった場合です。

C#ではその解決として**配列**と**コレクション**という2つの方法を提供しています。

配列はデータの集合を扱うためのシンプルな機能を有しています。シンプルで高速に動作しますが、初期化時に扱うデータの数を指定する必要があります(固定長)。コレクションはプログラムの途中で含むデータの数を変更でき、初期化時にデータの数を指定しなくてもよいという扱いやすさがあります。ただし、コレクションは歴史的な経緯で**ジェネリック**と**非ジェネリック**という2つのコレクションが存在します。現時点で非ジェネリックなコレクションを利用するケースはあまりありませんが、既存コードが非ジェネリックなコレクションを利用している場合や、ライブラリが非ジェネリックなコレクションを受け取る(または返す)場合など、非ジェネリックなコレクションについても押さえておく必要があります。

また、C#はコレクションの操作にLINQという強力な機能を提供しています。LINQを利用することで、コレクションが簡単に操作できるようになります。

配列

配列の基礎

配列はデータの集合を扱う基本的な方法です。配列は次のように宣言します。

```
// string型のデータを5つ利用する配列を宣言する
string[] strArray = new string[5];
```

それぞれのデータの集合には**添え字**という数字を利用してアクセスします。添え字は**0から始まる**ことに注意してください。

```
string[] strArray = new string[5];

// 添え字は0から始まる
strArray[0] = "array1";
strArray[1] = "array2";
strArray[2] = "array3";
strArray[3] = "array4";
strArray[4] = "array5";

// strArrayには6つ目の要素がないのでエラーになる
// 実行時にIndexOutOfRangeException例外が発生する
strArray[5] = "array6";
```

まとめてデータを代入する場合、次のように記述することができます。

```
int[] intArray;
intArray = new int[] { 4, 5, 6, 7 };
```

`for` や `foreach` を利用して配列のすべての要素にアクセスする場合、次のように記述します。

```
// forで配列のすべての要素にアクセスする
// 配列はLengthプロパティから要素の数を取得できる
// iを配列の添え字として要素を取り出す
for (var i = 0; i < strArray.Length; i++ )
{
    Console.WriteLine(strArray[i]);
}

// foreachを用いれば添え字を使わず配列のすべての要素が取得できる
foreach(var str in strArray)
{
    Console.WriteLine(str);
}
```

C#の配列は集合として扱うデータの型と個数を宣言時に指定する必要があります。

```
// この書き方では要素の数がいくつ利用可能かわからないのでエラーになる
string[] strArray = new String[];
```

宣言時に同時に初期化を行う場合に限り、次のように配列を初期化することができます。

```
int[] intArray = { 1, 2, 3, 4 };
```


配列のサイズを変更する

配列のサイズ（格納できる要素の数）は初期化時に決定されますが、次のように後でサイズを変更することができます。

```
string[] strArray = new String[5];

strArray[0] = "array1";
strArray[1] = "array2";
strArray[2] = "array3";
strArray[3] = "array4";
strArray[4] = "array5";

// 要素の数を1つ増やす
Array.Resize(ref strArray, 6);

// 要素の数が増えたので6つ目の要素（添え字の番号は5）が利用可能に
strArray[5] = "array6";
```

配列のサイズを変更するには `Array.Resize` メソッドを利用します。何度も `Resize` メソッドを呼び出すような場合は、後述する `List` などのコレクションを利用することを検討すべきです。

配列の宣言を簡略化する

配列の宣言は次のように1行で行うことができます。

```
// このように初期化時に値を指定することで簡略化することができる
// この場合初期化する値の数をコンパイラが判断するので添え字は不要になる
string[] strArray = new String[] { "array1", "array2", "array3", "array4", "array5" };

// 添え字を記述することもできる。この場合、明示的に配列の要素数を指定するので
// 次のように添え字の数と初期化する要素の数が異なる場合にエラーになる
// 添え字に指定した要素の数は4だが、初期化する要素が5つあるのでエラーになる
string[] strArray = new String[4] { "array1", "array2", "array3", "array4", "array5" };
```

多次元配列

配列の要素に配列を利用すると多次元配列になります。

```
// int型の2×2の多次元配列を用意する
int[,] intArray = new int[2, 2] {{1, 2}, {3, 4}};

// 1,2,3,4が出力される
Console.WriteLine(intArray[0, 0]);
Console.WriteLine(intArray[0, 1]);
Console.WriteLine(intArray[1, 0]);
Console.WriteLine(intArray[1, 1]);
```

非ジェネリックなコレクション

非ジェネリックは最新のC#では出番が少ない

非ジェネリックなコレクションはC# 1.0で登場し、C# 2.0で**ジェネリック**なコレクションが追加されました。

ほとんどすべてのケースで非ジェネリックなコレクションではなく、ジェネリックなコレクションの利用を推奨します。そのため、本節では非ジェネリックなコレクションの説明は簡単なものにとどめ、非ジェネリックなコレクションとジェネリックなコレクションの違いについて説明することにします。

非ジェネリックなコレクションは次のクラスです。

- ArrayList
- Stack
- Queue
- Hashtable
- SortedList

下記は非ジェネリックなコレクション `ArrayList` を利用するサンプルです。

```
// ArrayListを宣言する。配列と異なり要素の数を宣言時に指定する必要がない
// ArrayListの利用にはusing句にusing System.Collections;を追加する必要がある
ArrayList list = new ArrayList();

// 要素を追加する配列とは異なり追加できる要素の数が可変
// ArrayListには型がないので以下のようなコードも可能
list.Add("sample");
list.Add(4);
```

非ジェネリックなコレクションは `IList` インターフェイスを継承しており、他のコレクションも同様の操作が可能です。コレクションは非ジェネリックにかかわらず、宣言時に要素の数を指定する必要がありません。非ジェネリックなコレクションは追加する値の型に制限がないため、サンプルのように文字列と数字を同じコレクションに追加することができます。

非ジェネリックなコレクションの問題

非ジェネリックなコレクションは追加する型に指定がないことにより、次のような問題が発生します。

```
// ArrayListをforeachで取り出す場合、受け取る変数tmpDataはobject型になる
foreach(var tmpData in list)
{
    // 文字列かどうか判定する
    if (tmpData is string)
    {
        // string型の場合の処理
        // 文字列として値を扱うためにキャストが発生する
        string tmpString = (string)tmpData;
    }
    // 数値型の場合
    else if (tmpData is int)
    {
        // int型の場合の処理
        // 数値型として扱う場合もキャストが発生する
        int tmpInt = (int)tmpData;
    }
}
```

`ArrayList`に含まれるデータを取り出す場合、データがどのような型であるか不定であるため、`foreach`では受け取る値が`object`になります。

それらの値を利用する場合にサンプルのようにデータのキャストが発生してしまいます。静的な型付け言語であるC#では不要なキャストが発生しないコーディングを心がけるべきであり、ジェネリックなコレクションを利用すると問題となるキャストをなくすことができます。

この問題は次節で再度扱います

SECTION-021

ジェネリックなコレクション

ジェネリックなコレクションとは

ジェネリックなコレクションはC# 2.0から追加された非ジェネリックなコレクションの問題を改善する新しいコレクションです。執筆時点のプログラミングでは非ジェネリックなコレクションを使う利点は存在せず、ジェネリックなコレクションを利用するべきです。

ジェネリックなコレクションは次の7つです。

- List
- Dictionary
- SortedList
- SortedDictionary
- Queue
- Stack
- LinkedList

ジェネリックなコレクション

ジェネリックなコレクションは宣言時に扱うデータの型を指定します。

```
// ジェネリックなコレクションListの宣言には下記のように型の指定が必要
List<string> stringList = new List<string>();

// ジェネリックなコレクションは宣言時に型を指定し、追加する値もその型である必要がある
stringList.Add("sample1");
stringList.Add("sample2");

// foreachで値を取り出す場合もstring型で受け取ることができる
foreach(string tmpString in stringList)
{
    // objectではなくstring型として値を受け取るため、キャストなしでstring型として扱える
    // string型の持つLengthフィールド(文字数を取得できる)を呼び出す
    int length = tmpString.Length;
}
```

非ジェネリックなコレクションとの違いは宣言時に扱うデータの型を指定する点です（`<>`の中に扱う型を指定する記述を**型パラメーター**といいます）。そのため、同じ型のデータしか扱うことができない反面、処理速度の向上と、データを取り出す際に型が特定できるという型の安全性を持っているのがジェネリックなコレクションです。

処理速度の点では、`ArrayList` のサンプルにあったように要素を取り出す際に `object` として要素が取り出される点が問題となります。値型を `object` 型として扱う際にボックス化という処理が発生することはCHAPTER 02で紹介しました。`ArrayList` の場合も同様にボックス化が発生し、パフォーマンスの低下を招きます。

本書では今後、非ジェネリック、ジェネリックという前置きなしにコレクションという用語を用いた場合、ジェネリックなコレクションを指すこととします。

List

`List` はコレクションの中でも基本的なクラスです。

```
List<string> stringList = new List<string>();

stringList.Add("sample1");
stringList.Add("sample2");

// Listは配列のように添え字で要素を取り出すこともできる
string stringValue = stringList[0];
```

Dictionary

`Dictionary` はキー（`key`）と値の組み合わせでコレクションを扱います。`List` が `int` 型の添え字で要素にアクセスしたのと異なり、`Dictionary` は他の型をキーとして要素を取得することができます。

```
// 文字列をキー、値も文字列のDictionaryを宣言する
Dictionary<string, string> dictionaly = new Dictionary<string,string>();

// 第1引数にキー名、第2引数に値を指定してコレクションを追加する
dictionaly.Add("key1", "value1");
dictionaly.Add("key2", "value2");

// Dictionalyのインスタンスがkey1というキーを持っているなら
if(dictionaly.ContainsKey("key1"))
{
    // dictionalyのkey1というキーの値を取り出す
    Console.WriteLine(dictionaly["key1"]);
}
```

`string` 型以外もキーに指定することは可能ですが、同じものを指定することはできません。

```
Dictionary<string, string> dictionaly = new Dictionary<string,string>();

dictionaly.Add("key1", "value1");

// 同じ値のキーを指定することはできない。以下の行はエラーになる
dictionaly.Add("key1", "value2");
```

```
// SampleClassをキーとして利用する
Dictionary<SampleClass, string> dictionaly = new Dictionary<SampleClass, string>();

// それぞれのインスタンスは異なるものとして扱われるのでキーになりうる
SampleClass key1 = new SampleClass();
SampleClass key2 = new SampleClass();

dictionaly.Add(key1, "value1");
dictionaly.Add(key2, "value2");

if (dictionaly.ContainsKey(key1))
{
    Console.WriteLine(dictionaly[key1]);
}
```


SortedList、SortedDictionary

`SortedList`、`SortedDictionary` はどちらも、キーを基準に与えられたデータを自動的にソートします。

`SortedList` は `List` に近い性質を持ち、添え字を利用してキーと値を操作可能です。

`SortedDictionary` は添え字でのアクセスはできませんが、一般的にデータの挿入と削除処理で `SortedList` より高いパフォーマンスを見せます。メモリの利用量は `SortedDictionary` の方がよりメモリを多く使用します。

```
// SortedListのサンプル
SortedList<string, string> list = new SortedList<string, string>();
list.Add("abc_key", "abc_value");
list.Add("ghi_key", "ghi_value");
list.Add("def_key", "def_value");

foreach(var tmpValue in list)
{
    // プログラムはabc_key、def_key、ghi_keyの順で要素を処理する
    Console.WriteLine(tmpValue.Key + "/" + tmpValue.Value);
}

// SortedListは添え字でもアクセスできる
string listValue = list.Values[0];
string listKey = list.Keys[0];
Console.WriteLine(listKey + "/" + listKey);

SortedDictionary<string, string> dictionaly = new SortedDictionary<string, string>();
dictionaly.Add("abc_key", "abc_value");
dictionaly.Add("ghi_key", "ghi_value");
dictionaly.Add("def_key", "def_value");
```

```
foreach (var tmpValue in dictionaly)
{
    // プログラムはSortedList同様にabc_key、def_key、ghi_keyの順で要素を処理する
    Console.WriteLine(tmpValue.Key + "/" + tmpValue.Value);
}
```


Queue、Stack

Queue と Stack はデータの集合を一定のルールで取り出すことに長けたコレクションです。

Queue は先に追加したデータを順番に取り出すようなコレクションで有効です。先に追加したデータを取り出す性質をFIFO(first in first out)と呼ぶこともあります。

Stack は後から追加したデータを先に取り出すLIFO(last in first out)なコレクションです。

```
Queue<int> queue = new Queue<int>();
queue.Enqueue(1);
queue.Enqueue(2);
queue.Enqueue(3);
queue.Enqueue(4);

foreach(int tmpData in queue)
{
    // 先に入れたデータから取り出される
    // 1,2,3,4の順で出力される
    Console.WriteLine(tmpData);
}

Stack<int> stack = new Stack<int>();
stack.Push(1);
stack.Push(2);
stack.Push(3);
stack.Push(4);

foreach(int tmpData in stack)
{
    // 後に入れたデータから取り出される
    // 4,3,2,1の順で出力される
    Console.WriteLine(tmpData);
}
```

C#には非ジェネリックな Queue クラスも存在します。非ジェネリックなコレクションは System.Collections 名前空間を using 句に追加する必要がありますが、Visual Studioの生成する初期状態のクラスファイルでは通常、System.Collections ではなく、ジェネリックなコレクションを利用するための System.Collections.Generic 名前空間が追加されています。明示的に System.Collections を追加しない限り、混同は起こらないでしょう。

また、非ジェネリックな Queue クラスは宣言時に型を指定しないのでコードも異なります。

LinkedList

`LinkedList` は文字通り、データ同士がリンク(連結)されているリストです。そのため、データを挿入したり削除することが多いケースで高速に動作しますが、添え字によるアクセスはできない点や `List` に比べてメモリ消費量が多いなどのデメリットも存在します。

```
LinkedList<int> linkedList = new LinkedList<int>();
linkedList.AddLast(1);
linkedList.AddLast(2);
linkedList.AddLast(3);

LinkedListNode<int> node = new LinkedListNode<int>(4);

linkedList.AddLast(node);

linkedList.AddLast(5);

foreach (var tmpData in linkedList)
{
    Console.WriteLine(tmpData);
}

// 途中のデータ(node)を削除する
linkedList.Remove(node);

foreach (var tmpData in linkedList)
{
    Console.WriteLine(tmpData);
}
```

コレクションの処理

コレクションの特性や処理をもう少し見ていきましょう。型パラメーターの仕組みを自作のクラスで利用する方法や、`IEnumerable` インターフェイスについて紹介します。

▶型パラメーター

ジェネリックなコレクションを扱う際に型パラメーター(`<string>` など)を指定してきました。型パラメーターは自作のクラスでも利用できます。

```
// 型パラメーターを持つクラス
class SampleClass<T>
{
    // 型パラメーターに対応した型を指定したい場合はクラスの定義にあわせてTを指定する
    private T _tValue;

    public SampleClass(T tValue)
    {
```

```
        this._tValue = tValue;

        Console.WriteLine(tValue);
    }
}
```

型パラメーターを持つクラスはジェネリックなコレクションのように宣言します。

```
SampleClass<int> sample1 = new SampleClass<int>(3);
SampleClass<string> sample2 = new SampleClass<string>("sample");
```

▶複数の型パラメーター

型パラメーターを複数指定することもできます。

```
class SampleClass<T, Y>
{
    private T _tValue;
    private Y _yValue;

    public SampleClass(T tValue, Y yValue)
    {
        this._tValue = tValue;
        this._yValue = yValue;

        Console.WriteLine(tValue);
    }
}
```

▶型パラメーターの制約

型パラメーターに制約を持たせたい場合は where を指定します。

```
    // 型パラメーターTに制約を持たせる
    // Tはstruct(値型)である必要がある
    class SampleClass<T, Y> where T : struct
    {
```

この場合、参照型である string などは T に指定できません。

▶IEnumerableインターフェイス

これまでコレクションの値を取り出す際に foreach を利用してきました。

foreach で処理できるデータは IEnumerable インターフェイスを実装しているクラスという制限があります。ジェネリックな動作を期待するならば IEnumerable<T> を実装している必要があります。ジェネリックなコレクションはもちろん、C#では配列も IEnumerable<T> を実装しています。

C#の配列は Array クラスを継承したものです。Arrayクラスの定義は次のように非ジェネリックな IEnumerable (ジェネリック版は IEnumerable<T>)しかインターフェイスに持たないように見えます。

```
public abstract class Array : ICloneable, IList, ICollection, IEnumerable,
    IStructuralComparable, IStructuralEquatable
```

しかし、C# 2.0以降では一次元の配列は自動で IList<T> が実装される(IList<T> は IEnumerable<T> を実装している)という言語仕様によりジェネリックな動作となります。

- MSDN:ジェネリックと配列 (C# プログラミング ガイド)
  URL https://msdn.microsoft.com/ja-jp/library/ms228502.aspx

▶IEnumerableを実装したクラスとyieldキーワード

自分で作成したクラスをコレクションのように foreach に渡したい場合は IEnumerable<T> インターフェイスを実装します。

IEnumerable<T> インターフェイスはジェネリックな GetEnumerator メソッドと、非ジェネリックな GetEnumerator メソッドの実装が必要になります。

```
// IEnumerableインターフェイスを実装したクラス
class SampleClass : IEnumerable<int>
{
    // GetEnumeratorはIEnumeratorを返す
    // IEnumeratorを返すためにyieldキーワードが必要になる
    public IEnumerator<int> GetEnumerator()
    {
        yield return 1;
        yield return 2;
        yield return 3;
    }

    // こちらは非ジェネリックなGetEnumeratorメソッドだが今回は利用しない

    System.Collections.IEnumerator System.Collections.IEnumerable.GetEnumerator()
    {
        throw new NotImplementedException();
    }
}
```

このクラスは foreach に渡すことができます。

```
SampleClass sampleClass = new SampleClass();
foreach(int tmpInt in sampleClass)
{
    // 1、2、3と出力される
    Console.WriteLine(tmpInt);
}
```

▶ コレクション初期化子

IEnumerable インターフェイスを実装したクラスであれば初期化の記述を簡略化できます。

```
List<int> intList = new List<int>{1, 2, 3, 4 };
```

▶ null条件演算子の使用

配列やコレクションのインデクサ（ [] ）に対してもnull条件演算子が使用可能になりました。

```
int[] intArray = { 4, 5, 6, 7 };

// null許容型のint?で受け取る
// intArray[2]がnullであればnullが、それ以外の場合はその値が代入される
int? i = intArray?[2];
```

▶ インデックス初期化子

C# 6以降であれば、コレクションの初期化時にインデックスを使用可能です。

```
Dictionary<string, int> keyValues = new Dictionary<string, int>
{
    ["key1"] = 1,
    ["key2"] = 2,
    ["key3"] = 3
};
```

▶ インデックスの範囲指定

C# 8からはインデックスを範囲指定して該当する要素を取得できるようになりました。

```
int[] intArray = { 4, 5, 6, 7 };

// ^は末尾から数えて何番目という指定
// 5, 6の要素を持つ配列ができる
int[] intArray2 = intArray[1..^1];
```

1..^1 というリテラルは Range クラスで、^1 というリテラルは Index クラスで受け取ることができます。

```
Index index = ^3;
Range range = 1..3;
```

LINQ

LINQの基礎

C#には**LINQ**という強力な機能があります。LINQはLanguage Integrated Queryの略で**統合言語クエリ**とも呼ばれます。LINQを利用するとコレクションの操作が簡単になります。

```
int[] intArray = new int[] { 1, 2, 3, 4, 5 };

// コレクションの中から2で割り切れるものを取得する
IEnumerable<int> result = intArray.Where(i => i % 2 == 0);

foreach(int tmpInt in result)
{
    // 2、4が出力される
    Console.WriteLine(tmpInt);
}
```

サンプルの `Where` がLINQです。 `Where` に渡している `i => i % 2 == 0` は**ラムダ式**と呼ばれる機能です。ラムダ式はCHAPTER 07で説明しますが、ここでは `Where` の機能がコレクションからある条件(今回の場合は「2で割り切れる」)に一致するものをデータの集合(`IEnumerable<T>`)として返すというものです。

`IEnumerable<T>` は `foreach` に渡すことができるので、上記の式は次のように簡略化することが可能です。

```
int[] intArray = new int[] { 1, 2, 3, 4, 5 };

foreach (int tmpInt in intArray.Where(i => i % 2 == 0))
{
    // 2、4が出力される
    Console.WriteLine(tmpInt);
}
```

クエリの連結

LINQは左に書いたメソッド `IEnumerable<T>` の値を返す場合にメソッドを並べてチェーン化することもできます。

```
int[] intArray = new int[] { 1, 2, 3, 4, 5 };

// Whereの結果にSelectを連結する
// 2で割り切れる値を、2倍にして返す
IEnumerable<int> result = intArray.Where(i => i % 2 == 0).Select(i => i * 2);
```

```
foreach(int tmpInt in result)
{
    // 4、8が出力される
    Console.WriteLine(tmpInt);
}
```

01
02
03
04
05
06
配列とコレクション
07
08
09

LINQの別の記法

LINQはクエリという名前が示すようにSQLのクエリのような記法で記述することができます。これを**クエリ構文**と呼び、これまでのメソッドとして記述する書き方を**メソッド構文**と呼びます。

```
int[] intArray = new int[] { 1, 2, 3, 4, 5 };

// クエリ構文で2で割り切れる値だけを取得するLINQ
IEnumerable<int> result = from i in intArray where i % 2 == 0 select i;

foreach(int tmpInt in result)
{
    // 2、4が出力される
    Console.WriteLine(tmpInt);
}
```

遅延実行

LINQの結果は**遅延評価**という仕組みにより、実際にはまだ評価されていません。

それではどのタイミングで評価されるのかというと結果に対して何らかの操作を行った際です。たとえば、`foreach` による値の取り出しがそれです。

次のサンプルの結果はLINQを記述した時点ではなく、`foreach` で結果を取り出した際に評価が実行されたと考えると理解がしやすいでしょう。

```
// クエリ構文で2で割り切れる値だけを取得するLINQ
// この時点では実際の評価は行われない
IEnumerable<int> result = from i in intArray where i % 2 == 0 select i;

// 実際の評価が行われる前に、2つ目の値を2から3に変更する
intArray[1] = 3;

foreach(int tmpInt in result)
{
    // 4が出力され、2は出力されない
    Console.WriteLine(tmpInt);
}
```

LINQの主な機能

主なLINQの機能を紹介します。

▶ Select

Select は返される結果の形式を指定します。前述のサンプルでは int 型の配列を IEnumerable<int> 型の結果と受け取りましたが、次のサンプルの結果（変数 results ）はどのような型になるでしょうか。

```
class Person
{
    public int Age { set; get; }
    public string Name { set; get; }
}
```

```
List<Person> sampleClassList = new List<Person>();
sampleClassList.Add(new Person() { Name = "nishimura", Age = 45 });
sampleClassList.Add(new Person() { Name = "Nishimura", Age = 24 });

var results = sampleClassList.Select(p => p.Age * 2);
```

変数 results の中身はやはり IEnumerable<int> です。 IEnumerable<Person> ではありません。

結果に Person クラスの name の値も加える場合は次のように書き替えます。

```
var results = sampleClassList.Select(p => new { Name = p.Name, Age = p.Age * 2});
```

Name と Age というプロパティを持った匿名型の IEnumerable コレクションが結果として返ります。

同じ処理をクエリ構文で記述することもできます。

```
var results = from p in sampleClassList select new { Age = p.Age * 2, Name = p.Name };
```

Person 型が欲しい場合は、次のように書き替えます。

```
IEnumerable<Person> results =
    sampleClassList.Select(p => new Person() { Name = p.Name, Age = p.Age * 2});
```

▶ Where

Where は結果として取得するデータの条件を指定します。

```
List<Person> personList = new List<Person>();
personList.Add(new Person() { Name = "nishimura", Age = 45 });
personList.Add(new Person() { Name = "Nishimura", Age = 24 });

// Whereで条件を指定する(Ageの値が45のもの)
IEnumerable<Person> results = personList.Where(p => p.Age == 45);
```

▶ First、Last

First はデータの最初の1件、Last は最後の1件を取得します。

```
// リストの最初の1件を取得する
Person result = personList.First();

// リストの最後の1件を取得する
Person result = personList.Last();
```

このように結果を1件だけ返すLINQも存在します。その場合はコレクションではなく対象のデータの型で値を取得します。

▶ OrderBy、OrderByDescending

OrderBy はデータを昇順に、OrderByDescending は降順にソートした結果を返します。

```
List<Person> personList = new List<Person>();
personList.Add(new Person() { Name = "nishimura", Age = 45 });
personList.Add(new Person() { Name = "Nishimura", Age = 10 });
personList.Add(new Person() { Name = "西村", Age = 24 });

// 年齢で昇順ソートする
IEnumerable<Person> results = personList.OrderBy(p => p.Age);

foreach(Person tmpPerson in results)
{
    // 10、24、45の順で出力される
    Console.WriteLine(tmpPerson.Age);
}
```

▶ Join

Join は2つのコレクションを結合します。まさにSQLの結合に似た動きで、2つのコレクションと結合するためにキーとなるそれぞれのプロパティを指定します。

```
class Person
{
    // 年齢
    public int Age { set; get; }

    // 名前
    public string Name { set; get; }
}

// 本を表すクラス
class Book
{
    // 本の著者を表すプロパティ
```

▼

```
    public string Author { set; get; }

    // 本のタイトルを表すプロパティ
    public string Title { set; get; }
}
```

Person は著者を、Book は書籍を表すクラスで、Person の Name プロパティと Book の Author (英語で著者の意味)プロパティをキーとして Join することを想定しています。

実際のJoin処理は次のようになります。

```
List<Person> personList = new List<Person>();
personList.Add(new Person() { Name = "nishimura", Age = 45 });
personList.Add(new Person() { Name = "Nishimura", Age = 10 });
personList.Add(new Person() { Name = "西村", Age = 24 });

List<Book> bookList= new List<Book>();
bookList.Add(new Book() { Author = "nishimura", Title = "sampleBook1"});
bookList.Add(new Book() { Author = "Nishimura", Title = "sampleBook2"});

// 2つのコレクションを結合した匿名型を列挙する
// Joinの引数の1つ目は結合する対象のコレクション
// 2つ目は結合されるコレクションのキー、3つ目は結合する対象のキー、4つ目に結果の型を指定する
var results =
personList.Join(bookList, p => p.Name, b => b.Author, (p, b) => new { p.Name, p.Age, b.Title });

foreach(var tmpData in results)
{
    // Name = nishimura / Title = sampleBook1 / Age = 45
    // Name = Nishimura / Title = sampleBook2 / Age = 10
    // という出力を得る
    Console.WriteLine("Name = " + tmpData.Name + " / Title = " + tmpData.Title +
                      " / Age = " + tmpData.Age);
}
```

CHAPTER 07
イベント

SECTION-023

イベント

イベントとは

イベントとはクラスから別のクラスに通知を行うための仕組みです。イベントの使用例としてはアプリケーションでユーザーがボタンを押したタイミングで「ボタンを押した」というイベントを受け取り、何か処理を行いたい場合などがあります。

C#にはイベント処理を行うための `event` キーワードが用意されています。また、イベントを理解するために、ラムダ式やデリゲートという概念も紹介します。

イベントを受け取る

イベントはイベントを発生させる側（発行者）と、発生したイベントを通知され、処理を行う側（購読者）に分けて考えることができます。下記のサンプルはイベントを通知される側のコードで、ボタンがクリックされたタイミングでその通知を受けて処理を行う側（購読者）の例です。

```
// ボタンをクリックした際にbutton_Clickを実行するようにセットする
// button_Clickはイベントハンドラーと呼ばれるもので、イベントに対応したメソッドを渡す
this.button.Click += button_Click;
```

```
// ボタンがクリックした際に呼び出される処理(イベントハンドラー)
// イベントハンドラーは引数がイベントに対応しているメソッド
void button_Click(object sender, RoutedEventArgs e)
{
    this.button.Content = "ボタンがクリックされました";
}
```

代入（ `=` ）ではなく加算（ `+=` ）である点、イベントハンドラーは関数の呼び出しではなく、関数名を記述している点に注意してください。

イベントを発行する

イベントを通知する側（発行者）の例です。

```
class SampleClass
{
    // イベントはeventキーワード指定してEventHandler型にする
    public event EventHandler Click;

    // イベントを呼び出す
    public void EventCall()
    {
        // イベントを発行する
        // 第1引数には自分自身を、第2引数にはEventArgs型かそれを継承した値を渡す
```

```
        // 今回は特に渡す情報がないのでEventArgs.Emptyで空の値を渡している
        this.Click(this, EventArgs.Empty);
    }
}
```

Click というフィールドは event と EventHandler が指定されています。イベントを受け取る側はこの Click にイベントハンドラーを登録します(前ページの「イベントを受け取る」を参照)。イベントを受け取る側は後述するように複数でも構いません。

イベントの通知は EventCall メソッド内にあるように関数の呼び出しのようにして行います。

EventHandler

イベントの発行側で利用した EventHandler はデリゲート(後述)です。

```
// EventHandlerの定義
public delegate void EventHandler(object sender, EventArgs e);
```

定義からわかる通り、EventHandler には object 型の第1引数と、EventArgs 型の第2引数を取ります。 object には発行者のインスタンス(this)を、EventArgs にはイベントの情報を購読者側に渡すために利用します。

EventArgs型を変更する

イベントの情報を渡すのに EventArgs 型ではなく、いくつか情報を追加したカスタムクラスを利用することも可能です。

```
class SampleClass
{
    // EventHandlerデリゲートではなく新しくデリゲートを定義する
    public delegate void CustomEventHandler(object obj, CustomEventArgs e);

    // CustomEventHandlerデリゲートのイベントを用意する
    public event CustomEventHandler Click;

    // イベントを発行する際にnameプロパティに情報を持たせることで購読側に渡せる
    public void EventCall()
    {
        // CustomEventArgsのnameプロパティに値を持たせることができる
        var eventArgs = new CustomEventArgs();
        eventArgs.name = "Nishimura";

        this.Click(this, eventArgs);
    }
}

// EventArgs型にnameプロパティを持たせたカスタムクラスを利用する
public class CustomEventArgs : EventArgs
```

```
{
    public string name { set; get; }
}
```


複数のイベントハンドラーを登録する

イベントは複数の購読を登録することができます。イベントを購読するメソッドを**イベントハンドラー**とも呼びます。

```
// イベントは複数のイベントハンドラーを登録することができる
sample.Click += sample_Click;
sample.Click += sample_Click2;
```

このように複数の購読者にイベントを発行することを**マルチキャストデリゲート**と呼びます。

イベントハンドラーの登録がない場合

イベントの購読がない状態でイベント発行すると `NullReferenceException` 例外が発生します。そのため、イベントの発行前に必ずチェックを行うようにしましょう。

```
class SampleClass
{
    public event EventHandler Click;

    public void EventCall()
    {
        // イベントの発行前に必ずイベントが購読されているか確認する
        // 購読されていないイベントを発行するとNullReferenceExceptionが発生する
        if (this.Click != null)
        {
            this.Click(this, EventArgs.Empty);
        }
    }
}
```

C# 6以降であればnull条件演算子を使用して記述することができます。

```
class SampleClass
{
    public event EventHandler Click;

    public void EventCall()
    {
        // C#6以降であればnull条件演算子が使用できる
        this.Click?.Invoke(this, EventArgs.Empty);
    }
}
```

デリゲート

デリゲートとは

デリゲートは関数を格納できる変数のように動作します。これは他の言語でいう関数ポインターの動作に似ていますが、型の安全性が保たれている点や複数の処理を登録できる点などC#独自の特徴もあります。

前述のイベントでもイベントハンドラーを受け取るためにデリゲートの機能を利用しました。

```
// delegateの宣言int型の引数を受け取りint型の返り値を持つ
// eventは性質上値を返さないがdelegateは値を返すことができる
public delegate int SampleDelegate(int test);

static void SomeFunction()
{
    // 変数sampleDelegateに値を格納する
    SampleDelegate sampleDelegate = delegate(int intValue)
    {
        return intValue * 2;
    };

    // メソッドのようにデリゲートを利用することができる
    // 結果は8の出力をえる
    Console.WriteLine(sampleDelegate(4));
```

デリゲートに渡す処理は上記のサンプルのように `delegate` キーワードをもちいることもできます（後述しますが、この書き方を匿名関数と呼びます）が、C# 3.0以降であればラムダ式を利用する方が簡潔に記述できます。

複数の処理を登録する

デリゲートでもイベント同様複数の処理を登録することができます。複数の処理を登録するような用途が考えられる場合はイベントと同様に、デリゲートの返り値はvoidとするべきです。

```
// デリゲートを複数登録する場合は返り値はvoidにする
private delegate void sampleDelegate(int intValue);

public void SampleMethod()
{
    // このようにメソッドを渡すこともできる
    sampleDelegate dele = new sampleDelegate(this.DelegateMethod1);
    dele += new sampleDelegate(this.DelegateMethod2);

    // コンソールに8,9という出力を得る
```

```
    dele(4);
}

// デリゲートに登録する1つ目のメソッド
void DelegateMethod1(int intValue)
{
    Console.WriteLine(intValue * 2);
}

// デリゲートに登録する2つ目のメソッド
void DelegateMethod2(int intValue)
{
    Console.WriteLine(intValue + 5);
}
```


デリゲートとイベントの違い

デリゲートとイベントは機能的には似ています。2つの使い分けは、イベントは自身のクラス内で発生した状態の変化（イベント）をハンドラーに通知したい場合のみ利用し、それ以外の場合はデリゲートを用いるとよいでしょう。

匿名関数

C# 2.0で**匿名関数**が導入されました。匿名関数を利用することで新たにメソッドを記述することなくデリーゲートに処理を渡すことができるようになりました。

```
sampleDelegate dele = delegate(int intValue){ return intValue + 4; };
```

ただし、この記法はC# 3.0以降のプロジェクトではラムダ式に置き換える方が記述が簡潔になります。

ラムダ式

ラムダ式とは

C# 3.0からラムダ式が追加されました。**ラムダ式**はデリゲート型および式ツリーを作成できる**匿名関数**です。「匿名関数です」と記述した通り、ラムダ式も匿名関数に分類されるものですが、説明の都合上、別のものとして扱います。

前ページの匿名関数のサンプルをラムダ式に置き換えると、次のようになります。

```
sampleDelegate dele = x => x + 4;
```

匿名関数よりコード量が減ったことが見て取れます。この違いを見ていきながらラムダ式の記法を解説します。

「delegate」が不要になり「=>」が必要になった

匿名関数は最初に `delegate` キーワードが必要でした。ラムダ式では `delegate` が不要になり、代わりに `=>` が引数と式の間に必要になりました。

引数が1つの場合は「()」が省略可能

デリゲートが引数を1つとる場合、ラムダ式では `()` が省略可能になります。

```
// 引数がない場合
sampleDelegate dele = () => 8;

// 引数が1つの場合()が省略可能
sampleDelegate dele = x => x + 4;

// 省略しなくてもエラーにはならない
sampleDelegate dele = (x) => x + 4;

// 引数が1つ以上の場合
sampleDelegate dele = (x, y) => x + y;
```

どの場合も引数の型が指定されていないことに注目してください。これは引数の型がデリゲートの宣言から推測できるため省略可能であり、動的な変数ではありません。

```
// デリゲートの宣言で引数がint型とわかるためラムダ式では引数の型指定がなくても型が推定できる
private delegate int sampleDelegate(int intValue);

sampleDelegate dele = x => x + 4;
```

式が1つの場合は「{}」と「return」が省略可能

引数と同様に式も1つの場合は `{}` が省略可能です。また、式が1つの場合はその結果を返り値と判断するため、`return` が省略可能です。式が複数の場合は次のように `{}` も `return` も必要になります。

```
// 式が複数になる場合{}とreturnが必要になる
sampleDelegate dele = (x) =>
{
    var y = x + 5;
    return y + 3;
};
```

このようにラムダ式では「省略できるものは極力省略して記述できる」ようになっています。

外部変数の利用

ラムダ式を含む匿名関数はスコープの外にある変数を利用することができます。

```
public void sampleMethod()
{
    // ラムダ式の外で定義したローカル変数
    int intValue = 4;

    // スコープの外にあるintValueが利用できる
    this.dele = x => { x + intValue };
}
```

このようにラムダ式が記述されているスコープの変数が利用できます。サンプルの `intValue` はローカル変数のため、関数が終了した時点で参照不能になりそうですが、匿名関数を保持するデリゲートがガベージコレクションの対象とならない限り参照可能です。

```
class SampleClass
{
    // デリゲートの宣言で引数がint型とわかるため
    // ラムダ式では引数の型指定がなくても型が推定できる
    private delegate int SampleDelegate(int intValue);

    SampleDelegate dele;

    public void SampleMethod()
    {
        // ラムダ式の外で定義したローカル変数
        int intValue = 4;

        this.dele = x => x + intValue;
    }
```

```
    internal void SampleMethod2()
    {
        Console.WriteLine(this.dele(5));
    }
}
```

SampleClass を次のように呼び出した場合、SampleMethod2 で SampleMethod のローカル変数 intValue が利用できます。

```
SampleClass sample = new SampleClass();

sample.SampleMethod();

// ここでデリゲートを呼び出す。
// sampleMethod内のローカル変数であるintValueが参照できる
sample.SampleMethod2();
```

ラムダ式の引数の破棄

C# 9以降で、ラムダ式の引数も _ を使用した破棄を行えるようになりました。

```
// 引数を_をしようすることで明示的に破棄できる
this.dele = _ => intValue;
```

ラムダ式によるメンバーの記述

C# 6以降で、クラスのプロパティの get とメソッドをラムダ式で記述できるようになりました。

ラムダ式を使用しない次のようなメソッドがあります。

```
public int Add(int a, int b)
{
    return a + b;
}
```

ラムダ式で書き換えると、次のようになります。

```
// Addメソッドをラムダ式で書き換えた
public int Add (int a, int b) => a + b;
```

C# 7以降であれば、コンストラクタ、デストラクタ、プロパティ、インデクサ、イベントに対してもラムダ式で記述可能になりました。

```
// コンストラクタにラムダ式を使用
public Member (int id) => ID = id;

// デストラクタにラムダ式を使用
~Member() => ID = 0;
```

CHAPTER 08

非同期処理

SECTION-026

非同期処理

非同期処理とは

非同期処理はプログラミングを順番に処理(同期処理)せずに、並列で処理していきます。

非同期処理にすることでプログラミングは複雑になります。並列する処理がどの順番に行われるか特定できない、ファイルや変数への変更が異なるスレッドから行われると意図しない結果になることがあるなどが原因です。

C#と非同期処理

C#は非同期の処理に関して、さまざまな拡張が行われてきました。

初期のC#ではスレッド(`Thread`)やスレッドプール(`ThreadPool`)を用いましたが、最新のライブラリ「WinRT」を用いたWindowsストアアプリでは `Thread` 、`ThreadPool` は使用不能となり、代わりに `async/await` という非同期処理用の拡張がC# 5.0に追加されました。

マルチコアのCPUを効率良く利用するための `Parallel` や、`async/await` のベースとなる `Task` を用いた非同期処理も追加されました。

Thread

Threadを用いた記法

スレッドは英語で糸という意味を持ちます。同期的なプログラミングでは処理を行う線（糸）は1つですが、新しい処理を行うライン（糸）を1本追加することができます。

非同期処理の流れがよくわかるように同期処理と比較して紹介します。

```
public void DoNoThread()
{
    Console.WriteLine("A");

    // ここに、実行に3秒かかる重い処理があるとする
    this.HeavyProcess();

    Console.WriteLine("C");
}

public void HeavyProcess()
{
    // 3秒間処理を停止(スリープ)する
    Thread.Sleep(3000);

    Console.WriteLine("B");
}
```

`DoNoThread` メソッドを実行するとコンソールに `A` を出力した後、3秒後に `B` 、`C` と出力します。これが同期的な処理の流れです。 `C` の出力が `HeavyProcess` のために遅れてしまいます。

次は非同期な処理の動きを見てみます。

```
// スレッドを格納する変数を用意する
private Thread _thread;

// スレッドの利用には以下のusing句を追加する
// using System.Threading;
public void DoThread()
{
    Console.WriteLine("A");

    // 新しいスレッドを作成し、HeavyProcessメソッドはそちらで実行することにする
    this._thread = new Thread(this.HeavyProcess);
```

```
    this._thread.Start();

    Console.WriteLine("C");
}

public void HeavyProcess()
{
    // 3秒間処理を停止(スリープ)する
    Thread.Sleep(3000);

    Console.WriteLine("B");
}
```

DoThread メソッドを実行すると A 、C が先に出力され、3秒後に B が出力されます。

ThreadPool

新しいスレッドの作成、破棄の繰り返しはコストの高い処理になります。そのため、スレッドを効率良く利用するには、新しいスレッドを作成するのではなく、既存スレッドを再利用します。

スレッドの再利用は自分で実装することも可能ですが、C#には ThreadPool というスレッドを再利用するためのクラスが用意されています。

```
// ThreadPoolに渡すメソッドはobject型の引数を1つ取る必要がある
public void HeavyProcess(object state)
{
    // 3秒間処理を停止(スリープ)する
    Thread.Sleep(3000);

    Console.WriteLine("B");
}

public void HeavyProcess2(object state)
{
    // 5秒間処理を停止(スリープ)する
    Thread.Sleep(5000);

    Console.WriteLine("D");
}

// スレッドの利用には以下のusing句を追加する
// using System.Threading;
public void doThread()
{
    Console.WriteLine("A");

    ThreadPool.QueueUserWorkItem(this.HeavyProcess);
    ThreadPool.QueueUserWorkItem(this.HeavyProcess2);
```

```
    Console.WriteLine("C");
}
```

プログラムは `A`、`C` と出力したおおよそ3秒後に `B` と出力し、その後、2秒後（プログラム実行から5秒後）に `D` と出力します。

`ThreadPool` はスレッドを再利用するため、頻繁に新しいスレッドを作成、古いスレッドを破棄するようなプログラムでは効率良く動作します。

Task

Taskの基礎

Taskは C# 4.0で追加されたより抽象度の高いクラスです。内部的にはThreadPoolを利用しています。Parallelやasync/awaitというC# 4.0以降の非同期処理拡張はTaskをベースとしています。

```
public void HeavyProcess()
{
    // 3秒間処理を停止(スリープ)する
    Thread.Sleep(3000);

    Console.WriteLine("B");
}

public void HeavyProcess2()
{
    // 5秒間処理を停止(スリープ)する
    Thread.Sleep(5000);

    Console.WriteLine("D");
}

// Taskを利用する非同期処理
public void DoThread()
{
    Console.WriteLine("A");

    Task.Run(() => this.HeavyProcess());
    Task.Run(() => this.HeavyProcess2());

    Console.WriteLine("C");
}
```

排他制御

非同期処理では複数のスレッドで同一のリソースや変数にアクセスする場合に問題が発生することがあります。

そのような場合、リソースや変数のアクセス時だけ他のスレッドで操作できないようにロックすることができます。これを**排他制御**といいます。

C#では排他制御を行うために`Mutex`クラスを利用します。

```
private static Mutex mutex = new Mutex(false, "SampleMutex");
```

非同期処理中に次のように記述してロックします。

```
// ロック開始
mutex.WaitOne();

// ロックしたい変数やリソースにアクセスする処理を記述する

// ロック解除
mutex.ReleaseMutex();
```

Parallel

ルーブ処理の並列化

Parallel を利用すると for 、foreach といったループ処理を並列化することができます。

Parallel.Invoke

特定の処理を並列化できます。

```
// Parallel.Invokeで並列処理を行う
// Task.Runとの違いに注意
// 結果はAを出力した3秒後にBを、Bの2秒後にD、最後にCを出力する
public void DoThread()
{
    Console.WriteLine("A");

    Parallel.Invoke
    (
        () => this.HeavyProcess(),
        () => this.HeavyProcess2()
    );

    Console.WriteLine("C");
}
public void HeavyProcess()
{
    // 3秒間処理を停止(スリープ)する
    Thread.Sleep(3000);

    Console.WriteLine("B");
}

public void HeavyProcess2()
{
    // 5秒間処理を停止(スリープ)する
    Thread.Sleep(5000);

    Console.WriteLine("D");
}
```

Parallel.Invoke を利用すると HeavyProcess と HeavyProcess2 を並列化して実行しますが、DoThread は同期的に処理され、最後に C が出力されます。

Parallel.For、Parallel.ForEach

ループ文を並列化できます。

```
List<int> intList = new List<int>() { 1, 2, 3, 4};

Parallel.For(0, intList.Count, i => Console.WriteLine(intList[i]));

Parallel.ForEach(intList, x => Console.WriteLine(x));
```

サンプルは必ずしも1、2、3、4と順番に出力されません。

async/await

C# 5.0から追加された新しい記法

C# 5.0で `async/await` を利用した非同期処理の実行が可能となりました。`async/await` を利用すると、非同期処理の記述をあたかも同期的なコードのように記述することが可能になります。

async/awaitの基礎

下記はWinRTライブラリに含まれるHttpClientクラスを使用したasync/awaitのサンプルです。

```
// awaitによる非同期処理の呼び出しを行うメソッドにはasyncキーワードを付ける
async void SomeMethod()
{
    // using System.Net.Http;が必要
    // WinRTのHttpClientクラスを用いてWebページのコンテンツを取得する
    HttpClient client = new HttpClient();

    // 非同期なメソッド呼び出しにはメソッド名にAsyncをつけるのが作法
    // awaitキーワードを用いると同期処理のように記述できる
    HttpResponseMessage result = await client.GetAsync("http://coelacanth.jp.net/");

    // 以降に結果を受け取った変数resultを利用したコードを同期処理のように記述していける
}
```

`GetAsync` メソッドの返り値は `Task<HttpResponseMessage>` ですが、`await` キーワードを利用すると `HttpResponseMessage` 型として受け取ることができるようになります。

このように `Task` が出てくることからもわかるように `async/await` は `Task` ベースの非同期処理の拡張ともいえます。

COLUMN async/awaitとWinRT

Windows 8で導入されたWindowsストアアプリといわれるストアから配布される形式のアプリケーションでWinRTというランタイムが導入されました。WinRTは「一定以上の時間がかかる処理は、同期的処理にすると画面の表示が固まるなどのユーザービリティの低下をもたらすため、ランタイムレベルで非同期処理とする」という思想で設計されたランタイムでした。そのため、WinRTを利用したコーディングでは非同期な呼び出しが増えることが予想され、非同期処理の増加によるコードの複雑化を軽減する効果がある `async/await` キーワードが導入されました。

C# 5以降であればWinRTランタイムを用いない場合でも `async/await` を用いたコーディングは可能ですが、非同期処理が多いWinRTを持ちいたアプリケーション開発では `async/await` を用いる機会が増えるでしょう。

async/awaitに対応したメソッド

`async/await` 呼び出しに対応したメソッドは次のように記述します。

```
async Task<int> SomeMethod()
{
    return 3;
}
```

サンプルでは一瞬で処理が終わりますが、通常、非同期処理にしたい時間がかかる処理を記述します。

`async` の後に記述した返り値の型が `Task<int>` 型である点と、実際に `return` している値が `int` 型である点に注意してください。

`async/await` を用いた非同期呼び出しは通例、`Task` ないし `Task<T>` 型の返り値にします。 `void` にすることできますが、その場合呼び出し側で `await` することができません。

▶ async Main

C# 7.1以降であれば `Main` メソッドに `async` キーワードを使用できます。

```
// Mainメソッドにasyncを指定可能に
static async Task Main(string[] args)
{
    // Mainメソッド内でawaitキーワードが使用できる
    await SomeMethod();

    // 7.1以前はawaitは使えなかった
    // SomeMethod().GetAwaiter().GetResult();
}

static async Task<int> SomeMethod()
```

```
{
    return 3;
}
```

▶非同期ストリームとawait foreach

C# 8以降ではストリームを非同期に作成して使用することができます。**ストリーム**とは、ファイルのデータをやり取りするための `FileStream` や、テキストデータを扱うための `StreamReader` 、`StreamWriter` などのことです。

非同期ストリームは次のように作成します。

```
// 非同期ストリームを返すメソッド
public static async IAsyncEnumerable<int> GetSequence()
{
    for (int i = 0; i < 10; i++)
    {
        await Task.Delay(100);
        yield return i;
    }
}
```

このメソッドには3つの特徴があります。

- 「async」キーワードを使用する
- 「IAsyncEnumerable」を返す
- 「yield return」でreturnを行う

取得した非同期ストリームは次のように取り出します。

```
static async Task Main(string[] args)
{
    await foreach (var intValue in GetSequence())
    {
        Console.WriteLine(intValue);
    }
}
```

`await foreach` を使用して繰り返し処理を行います。

CHAPTER 09
その他の要素

エラーハンドリング

トライキャッチ

意図しない結果（エラー）が発生した場合の処理を**例外処理**といいます。`try`と`catch`というキーワードを利用するため、**トライキャッチ**ともいいます。

```
SampleClass sampel = new SampleClass();

// ここであえてnullを代入
sampel = null;

try
{
    // nullの変数のメソッド呼び出しを行ったため、NullReferenceException例外が発生する
    sampel.SampleMethod();
}
// NullReferenceExceptionがtry内で発生した場合、このcatch内の処理が実行される
catch(NullReferenceException e)
{
    // 例外時の処理を記述する
}
```

例外が発生しそうな箇所を`try`句で囲み、発生した例外に対する処理を`catch`句に記述します。`catch`句の`()`には処理する例外の型を記述します。記述しない場合は記述した例外以外の、記述した型がない場合はすべての例外を処理します。

```
try
{
    // nullの変数のメソッド呼び出しを行ったためNullReferenceException例外が発生する
    sampel.SampleMethod();
}
// NullReferenceExceptionがtry内で発生した場合このcatch内の処理が実行される
catch(NullReferenceException e)
{
    // NullReferenceException例外時の処理を記述する
}
// 型指定のないcatch句
catch
{
    // 上で指定していない型以外のすべての例外を処理する
}
```

finally

`finally` 句には例外の発生有無にかかわらず必ず実行したい処理を記述します。

```
try
{
    // ここで例外が発生するとする
    sampel.SampleMethod();
}
catch(NullReferenceException e)
{
    // NullReferenceException例外時の処理を記述する
}
finally
{
    // 例外の発生有無にかかわらず必ず実行される
    // リソースの破棄などの処理をここで行う
}
```


例外をスローする

自ら例外を発生させることを**例外をスローする**といいます。例外の発生には `throw` キーワードを利用します。

```
// 不正な操作(InvalidOperation)例外を発生させる
throw new InvalidOperationException();
```

例外フィルター

C# 6以降、`catch` 句に条件を記述できるようになりました。

```
try
{
    sample.SampleMethod();
}
catch (NullReferenceException e) when (e.Message == "sample")
{
    // 例外がNullReferenceExceptionかつwhenの条件式を満たす場合のみ、
    // ここに記述した処理が実行される
}
```

例外処理catch内でのawaitの利用

C# 6以降、`catch`、`finally`句の中では`await`を用いた非同期処理の呼び出しが可能になりました。

```
try
{
    // ここで例外が発生
}
catch
{
    // 画面に例外を知らせるメッセージダイアログを表示
    var dialog = new MessageDialog("例外発生");
    await message.ShowAsync();
}
```

SECTION-032

リフレクションと属性

リフレクション

クラスのメタ情報や属性(次項で参照)情報などを取得したい場合は**リフレクション**を利用します。リフレクションは `Type` 型という型情報を保持した型を取り出して操作します。また、このようなクラスやメソッドそのものの情報をメタデータと呼びます。

```
int intValue = 4;

// int型の変数から型情報を取得する
Type type = intValue.GetType();

// メソッドをすべて取得する
IEnumerable<MethodInfo> methods = type.GetRuntimeMethods();

foreach(var method in methods)
{
    Console.WriteLine(method.Name);
}
```

属性

C#の言語仕様とは別に、クラスや変数に性質を持たせたい場合があります。C#ではそのような場合に属性(`Attribute`)を利用します。

下記のサンプルコードはC#で単体テスト用のクラスを作成する際の初期コードです。属性は `[]` に囲んで記述します。

```
// 単体テストで利用するクラスであることを属性[TestClass]で指定
[TestClass]
public class UnitTest1
{
    // 単体テストで利用するメソッドであることを属性[TestMethod]で指定
    [TestMethod]
    public void TestMethod1()
    {
    }
}
```

リフレクションで属性情報を取得する

リフレクションを用いれば、属性情報を取り出すことができます。次のように Serializable というシリアライズ可能であることを示す属性がついたクラスがあるとします。

```
// シリアライズ可能という属性を持たせたクラス
[Serializable]
class SampleClass
{
}
```

このクラスから属性情報を取得したい場合は、次のように行います。

```
SampleClass sample = new SampleClass();

var t = sample.GetType();

var attributes = System.Attribute.GetCustomAttributes(t);

foreach(var tmpAttribute in attributes)
{
    Console.WriteLine(tmpAttribute.ToString());
}
```

属性を自作する

属性は Attribute クラスを継承することで独自に作成することが可能です。

```
// nameプロパティを持つ属性を自作する
// 属性はAttributeクラスを継承したクラスとして定義する
class Person : Attribute
{
    public string name;

    public Person(string tmpName)
    {
        this.name = tmpName;
    }
}
```

作成した属性は次のように利用可能です。

```
// 自作したPerson属性をクラスに付与する
// 属性には以下の「"Nishimura"」のようにパラメーターを渡すことができる
[Person("Nishimura")]
class SampleClass
{
}
```

属性の name プロパティは次のように取り出すことができます。

```
SampleClass sample = new SampleClass();

var t = sample.GetType();

// 属性の一覧を取り出す
var attributes = System.Attribute.GetCustomAttributes(t);

foreach(var tmpAttribute in attributes)
{
    // 取り出した属性を属性のクラスにキャストする
    // 今回は自分で作成した属性が1つとわかっているのと、
    // 簡潔に記述するためにこのようにいきなりキャストしたが、本来は型をチェックするべき
    Person person = (Person)tmpAttribute;

    Console.WriteLine(person.name);
}
```

SECTION-033

using

using キーワードのいろいろな使い方

C#では using というキーワードを複数の用途で利用します。

▶名前空間の読み込み

1つはおなじみのクラスの文頭に記述する using です。これは名前空間の読み込みに利用します。

```
// クラスの頭に記述するusing句
using System;
using System.Collections.Generic;
using System.IO;
using System.Linq;
```

▶エイリアス

文頭に記述する using は**エイリアス**として別名を付けることもできます。

```
using System.Linq;
using System.Text;
using System.Threading.Tasks;
// エイリアスlをつける
using l = System.Console;
```

```
// ファイル内のコードで次のように呼び出し可能
// Console.WriteLineと同じ意味となる
l.WriteLine("hoge");
```

▶リソースを利用する

ファイルを入出力するためのストリームを利用する場合など、ストリームの破棄が必要になります。C#では通常ストリームを処理するようなクラスは System.IDisposable インターフェイスを実装しており、Dispose メソッドを呼び出してあげる必要があります。

```
// C#でファイルを操作するサンプルコード
// ファイルを扱うためのストリームを用意する
StreamReader reader = new StreamReader("sample.txt");

// ファイルを扱う処理を記述する

// 最後にストリームを破棄する必要がある
reader.Dispose();
```

この場合、Dispose メソッド呼び出し処理の記述忘れや、例外発生による Dispose メソッドが呼ばれないなどの問題が考えられます。このような場合に using を利用すると処理終了後に必ず Dispose が呼ばれることが保障されます。

```
using(StreamReader reader = new StreamReader("sample.txt"))
{
    // ストリームを用いた処理を書く
    // usingブロックが抜けた際にDisposeが呼び出されることが保障されている
}
```

▶ 破棄可能なリソース

C# 8で非同期処理で利用できる using が追加されました。

基本的な動作は前ページの「リソースを利用する」で解説した using と同様ですが、IDisposable ではなく、IAsyncDisposable インターフェイスを実装したクラスが対象となり、await using というキーワードを使用します。

```
async Task AsyncUsingMethod(IAsyncDisposable disposable)
{
    await using (disposable)
    {
        // この処理後DisposeAsync()メソッドが呼び出される
    }
}
```

▶ 変数に対してのusing

C# 8から変数に対して using キーワードを使用することができるようになりました。これは前ページの「リソースを利用する」で解説した using と似ていますが、Dispose メソッドを呼び出すタイミングは、その変数が有効なスコープを出たタイミングです。

```
    using StreamReader reader = new StreamReader("sample.txt");

    // StreamReaderを用いた処理

    // 下の行の「}」を抜けたタイミングでDisposeメソッドが呼ばれる
}
```

SECTION-034

object型

すべてのクラスはobject型を継承する

C#の型はすべて `object` 型を継承しています。これは自分で作成したクラスでも同様で、暗黙的に `object` 型を継承します。そのため、自作のクラスであっても `object` 型のメソッド呼び出しをされるということを念頭に置く必要があります。

Equals

`Equals` メソッドは、引数に渡された変数と自身が同一かどうか判定します。参照型の場合は参照が同一か判定し、値型の場合は値が同一であるか判定します。

```
// SomeClassという自作のクラスがあるとする
SomeClass some1 = new SomeClass();
SomeClass some2 = new SomeClass();

// 自作のクラスは参照型なので、この比較はfalseになる
Console.WriteLine(some1.Equals(some2));

SomeClass some3 = some1;

// 参照が同じなのでこの比較はtrueになる
Console.WriteLine(some1.Equals(some3));

string str1 = "サンプル";
string str2 = "サンプル";

// 値がは値が同じかどうかで判定するためこの比較はtrueになる
Console.WriteLine(str1.Equals(str2));
```

```
// 何も処理がないクラス
// object型を継承するため、object型の持つメソッドは呼び出せる
class SomeClass
{
}
```

ToString

ToString メソッドはクラスの文字列表現を取得します。変数が値型の場合はその値を、参照型の場合はクラス名(名前空間を含む)を出力します。

```
String stringValue = "値型は値を";
int intValue = 5;

//「値型は値を」と出力される
Console.WriteLine(stringValue.ToString());

//「5」と出力される
Console.WriteLine(intValue.ToString());

Random rnd = new Random();

//「System.Random」と出力される
Console.WriteLine(rnd.ToString());
```

ToString メソッドは書式の指定が可能で、92ページで紹介したような0パディングを行うこともできます。

GetType

GetType メソッドは変数の型を表す Type クラスを取得します。

```
SomeClass some1 = new SomeClass();

Type type = some1.GetType();

Console.WriteLine(type.FullName);
```

GetHashCode

GetHashCode はクラスを識別するためのハッシュ値を取得します。

```
SomeClass some1 = new SomeClass();
SomeClass some2 = new SomeClass();

// some1とsome2のハッシュコードは異なる
// ハッシュコードはint型の値をとるが、プログラムの実行ごとに異なる値になる
Console.WriteLine(some1.GetHashCode());
Console.WriteLine(some2.GetHashCode());
```

SECTION-035

式の拡張

01 02 03 04 05 06 07 08 **09** その他の要素

式の拡張

C# 7以降、式の機能が拡張され、switch や throw も式として記述できるようになりました。

throw式

C# 7で throw が式として記述できるようになりました。このことによっていくつかの場所で throw を記述できるようになりました。

- Null合体演算子
- ラムダ式
- 三項演算子(?:)の2項目以降

```
// ラムダ式で利用可能
public void ExceptionMethod() => throw new Exception();

public void ThrowMethod(string str)
{
    int a = 4;
    int b = 3;

    // 三項演算子で利用可能
    int c = a >= b ? a : throw new Exception();

    // null合体演算子で利用可能
    string s = str ?? throw new Exception();
}
```

switch式

switch 式はC# 8で追加された機能です。名前の通り、switch を式として使用できます。式は値を返すので代入の右辺や return で使用することができます。

```
// 色を表す文字列を受け取り対応するColor列挙型の値を返す
public static Color GetColorEnum(string colorStr)
{
    // switch式
    return colorStr switch
    {
        "Red" => Color.Red,
        "Green" => Color.Green,
        "Blue" => Color.Blue,
```

```
        _ =>throw new ArgumentException("不正な引数の値です")
    };
}
```

switch 式を使わず通常の switch 文を利用した場合のコードが下記です。

```
public static Color GetColorEnum2(string colorStr)
{
    switch (colorStr)
    {
        case "Red":
            return Color.Red;
        case "Green":
            return Color.Green;
        case "Blue":
            return Color.Blue;
        default:
            throw new ArgumentException("不正な引数の値です");
    }
}
```

それぞれの違いを比較すると、次のようになります。

- 変数(colorStr)の後ろに「switch」キーワードを記述する
- 「case」がなくなり、「=>」を使用する
- 「default」がなくなり「_」を使用する
- 式なので直接、returnすることができる

パターンマッチング

パターンマッチングの拡張

C# 7以降、パターンマッチングの機能が拡充されてきました。

is

C# 7から `is` で型の比較を行った後、`true` であればその値を変数に代入するという機能が追加されました。

```
int intValue = 12;

// isがtrueなら代入を行う
if (intValue is int tmpInt)
{
    Console.WriteLine(tmpInt);
}
```

switchの拡張

C# 7以降、`switch` の `case` 部分でパターンマッチングの機能が利用できるようになりました。

```
switch (obj)
{
    // when条件
    case int n when n > 5:
        // 変数objが整数型で5より大きい場合
        break;
    // nullパターン
    case null:
        // objがnullの場合
        break;
        // 変数を用意して代入
    // 型パターン
    case int tmp:
        Console.WriteLine(tmp);
        break;
}
```

C# 7.1以降はジェネリック型に対してもパターンマッチングが利用可能になりました。

```
public void SampleMethod<T>(List<T> list)
{
    switch(list)
    {
        case List<int> tmpList:

            foreach(var tmpInt in tmpList)
            {
                Console.WriteLine(tmpInt);
            }
            break;
    }
}
```

再帰パターン

再帰パターンはタプル型のデータに対して分解してマッチングを実行するというような、繰り返してマッチングを行う機能です。

▶位置パターン

位置パターンではタプル型などを分解して分解後の各値に対してパターンを実行します。

```
var p = (3, 5);

// タプルの1つめの値が3ならば変数pointに値を代入する
if (p is (3, _) point)
{
    Console.WriteLine(point.Item1);

}
```

`is` と変数(`point`)の間にパターンを記述できるようになりました。

▶タプル以外の分解

タプル以外のクラスでも分解を使用したい場合は `Deconstruct` メソッドを実装します。

```
public class PointClass
{
    public int X { get; set; }
    public int Y { get; set; }

    public PointClass(int x, int y)
    {
        X = x;
        Y = y;
    }
```

▼

```
    // 分解時に呼び出されるDeconstructメソッドを実装する
    public void Deconstruct(out int x, out int y)
    {
        x = X;
        y = Y;
    }
}
```

PointClass はタプルのように分解することができます。

```
PointClass pointClass = new PointClass(3, 4);
// 分解する
var (x, y) = pointClass;
```

▶ プロパティパターン

プロパティパターンはプロパティ(またはフィールド)に対してマッチングを行います。

```
PointClass pointClass = new PointClass(6, 4);

if (pointClass is { Y: 4 })
{
    // 変数pointClassのYが4であればマッチ
    Console.WriteLine(pointClass.X);
}
```

▶ and、or、not

C# 9でパターンマッチングに and 、or 、not が使用可能になりました。

```
int i = 4;

// iが3より大きいまたは8より小さく、かつ5ではない場合
if (i is (> 3 or < 8) and not 5)
{
    Console.WriteLine(i);
}
```

機能は条件式の && 、|| 、! に似ています。or がどちらかのパターンが一致する場合、and が左右両方のパターンが一致する場合、not はパターンが一致しない場合に true になります。

また、null のチェックが次のように可能になります。

```
if (obj is not null)
{
    // nullでない場合の処理を記述する
}
```

INDEX

記号

数字

A

B

C

た行

な行

は行

ま行

や行

ら行